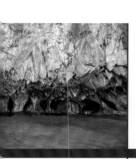

# 岩溶区地下水环境质量
# 调查评估技术方法与实践

邹胜章　卢海平　周长松　朱丹尼　等　著

科 学 出 版 社

北 京

# 内 容 简 介

　　本书是作者多年来对中国南方岩溶区地下水环境质量状况调查研究的成果总结。岩溶水作为岩溶区主要供水水源，在社会经济生活中发挥着不可替代的作用；但不合理的人类活动，导致岩溶水系统环境问题日益突出，对岩溶水资源的可持续开发利用构成极大威胁。本书以岩溶动力学理论和环境科学为指导，在全面调查分析的基础上，系统总结了南方岩溶区水循环与污染特征，详细阐述了岩溶水环境质量调查评估程序与主要内容，并通过典型案例分析，系统阐明了岩溶水环境质量调查评估的关键技术方法。

　　书中的各种调查和评价方法均来自国内外最新成果和项目组工作实践的总结，具有较强的理论性与实践性，可供国土资源、水资源保护、环境保护等管理和专业人员使用，也可供相关专业高校师生参考。

**图书在版编目（CIP）数据**

岩溶区地下水环境质量调查评估技术方法与实践 / 邹胜章等著. —北京：科学出版社，2021.11
　ISBN 978-7-03-069351-8

　Ⅰ. ①岩⋯　Ⅱ. ①邹⋯　Ⅲ. ①岩溶区－地下水资源－水环境质量评价－研究－中国　Ⅳ. ①P641.7

　　中国版本图书馆 CIP 数据核字（2021）第 131846 号

责任编辑：彭婧煜　李亚佩 / 责任校对：杜子昂
责任印制：师艳茹 / 封面设计：众轩企划

科学出版社 出版
北京东黄城根北街 16 号
邮政编码：100717
http://www.sciencep.com

北京九天鸿程印刷有限责任公司 印刷
科学出版社发行　各地新华书店经销

\*

2021 年 11 月第　一　版　　开本：720 × 1000　1/16
2021 年 11 月第一次印刷　　印张：13 1/2
字数：270 000

定价：138.00 元
（如有印装质量问题，我社负责调换）

# 本书作者名单

邹胜章　卢海平　周长松　朱丹尼　李录娟

卢　丽　刘芹芹　杜毓超　谢　浩　韦晓青

于晓英　陈宏峰　裴建国

# 前　言

　　水是生命之源。岩溶水（亦称岩溶地下水）作为重要的供水水源，为全球约25%的人口提供水源。

　　为客观判断我国地下水环境形势，科学制定地下水环境保护政策，推进我国地表水、地下水污染协同控制工程和系统管理体系的建立，实现水环境质量的总体改善，环境保护部、国土资源部、水利部、财政部四部委于2011年7月联合下发了《关于开展全国地下水基础环境状况调查评估工作的通知》（环办〔2011〕102号），决定在"十二五"期间组织开展全国地下水基础环境状况调查评估工作；按照"有限目标，突出重点；统筹部署，综合协调；总体谋划，分步实施；先行试点，统一规范"的原则，并于2011年率先在北京市、山东省、贵州省及海南省开展试点工作；2013～2014年在各省（自治区、直辖市）全面开展调查评估工作；2015年完成全国地下水环境信息调查评估报告，构建地下水环境管理技术、政策体系。

　　全国地下水基础环境状况调查评估是一项公益性、基础性的国情国力调查，其主要内容包括四个方面：一是全面调查基本属性、管理状况、水质状况及风险源存在情况；二是开展地下水污染状况综合评估、地下水防污性能评估、风险评估和修复（防控）方案评估；三是建设调查评估数据库、评估系统及信息平台；四是制定地下水环境监管方案，构建地下水环境保护的技术政策体系、经济政策体系和污染风险管理体系。

　　岩溶区作为一个特殊地貌区，其独特的水土资源分布格局使得岩溶含水层对环境污染格外敏感。由于岩溶区常常缺少天然防渗层或过滤层，地表水和一切污染物很容易通过落水洞等岩溶形态直接进入岩溶含水层或地下河。岩溶水系统对环境具有特殊的敏感性和脆弱性，使得对岩溶含水层的保护具有更大的挑战。因此，在《关于开展全国地下水基础环境状况调查评估工作的通知》中，岩溶区地下水被作为调查评估对象。

　　项目组在系统总结现有国内外岩溶区地下水污染调查评估案例基础上，以

"双源"为对象，以岩溶水系统为单元，以土地利用方式为纽带，以人类活动对含水层结构及水质影响为重点，以含水层特征污染物种类、来源及其污染途径的调查分析为主要内容，通过基础资料搜集整理、野外调查、现场试验、统计分析等手段，对比分析了工业区和农业区岩溶地下水化学特征，充分考虑各化学指标之间的联系，利用因子分析法进行案例区水化学敏感因子识别并量化其污染贡献；筛选工业区与农业区的特征污染物，进行典型污染物的迁移转换过程的对比研究，探索岩溶区水源地不同类型污染源的污染风险评估技术方法，编制了《岩溶区地下水基础环境状况调查评估技术指南》，为全国岩溶区地下水基础环境状况调查评估工作的顺利开展提供了技术支持。

因岩溶区地下水系统不具有统一、连续的地下水动力场，现行的中国地质调查局地质调查技术标准《地下水污染地质调查评价规范》（DD2008—01）在全国岩溶区地下水基础环境状况调查评估中存在一定的局限性。因此，本次工作将岩溶区地下水基础环境状况调查方法和岩溶水系统防污性能评价方法作为优先解决的关键技术难题。

《岩溶区地下水环境质量调查评估技术方法与实践》是项目组历时 9 年（2011～2019 年），集成了"岩溶区地下水基础环境状况调查评估""广西典型水环境污染物监测技术开发及示范研究""西南主要城市地下水污染调查评价""西南岩溶区地下水污染调查评价""岩溶地下河型水源地污染风险与防控措施研究""岩溶石漠化区地下河水资源化及生态保护研究与示范""红水河流域典型地下河系统水污染调查"等多个项目的成果编著而成。书中的各种调查和评价方法均来自国内外最新成果的总结和我们的工作实践，并辅以典型案例进行分析，充分体现了理论与实践的结合，望能引领我国岩溶区地下水基础环境状况调查评估工作。当然，由于岩溶区的特殊性，很多技术方法都还在探索之中，书中难免有不足之处，有待今后继续完善。

本书涉及的野外调查、数据采集与室内分析等工作，得到了中国地质科学院岩溶地质研究所、生态环境部环境规划院、贵州省地质环境监测院、广西壮族自治区地质环境监测站、重庆市地质矿产勘查开发局南江水文地质工程地质队和208 水文地质工程地质队、湖南省地质环境监测总站、广西壮族自治区水文地质工程地质队等单位领导和诸多研究人员的支持，尤其是以工程首席夏日元研究员为首的项目组成员对各项目的开展和成果的编制提供了无私指导和帮助。在项目工作和成果编制过程中还得到了沈照理教授、陈鸿汉教授、钟佐燊教授、朱远峰研究员、孙继朝研究员、唐建生研究员、梁永平研究员、莫日生教授级高级工程师等专家学者的指导。本书插图主要由薛丹、赖春丽、唐薇薇、肖周兴、武美玲等编绘。在此，我们谨对以上有关单位和个人表示诚挚的谢意。

受现有科学理论发展的限制，尚未有合适的技术方法对岩溶区复杂的含水介质结构进行精细刻画，对岩溶水系统内污染物运移规律的描述也缺乏数学理论基础；在此前提下，岩溶水环境质量调查评估技术方法也就不可避免地存在局限性，也导致了岩溶区水土污染防治因缺乏理论指导而出现治理效果不佳的情况。由于岩溶水系统的复杂性和我们理论水平的局限性，本书难免有疏漏和偏颇之处，恳切希望读者和有关专家学者不吝指正，以进一步完善岩溶地下水环境质量调查评估技术方法与相关理论。

作　者

2021 年 10 月

# 目　录

# 1

## 绪　论

## ◐ 1.1　岩溶水资源与环境

　　全球岩溶分布区面积约 2200 万 km²，赋存丰富的能源、矿产和景观等资源。我国岩溶分布面积约 350 万 km²，约占国土面积的 1/3。岩溶区因岩溶地貌和洞穴景观秀美奇特而居住的人口密集，并成为重要的旅游区，因丰富的优质岩溶水资源和碳酸盐岩油气资源而产生高潜力的商业价值。我国南方裸露型岩溶区面积约 7.78 万 km²，是岩溶景观最丰富也是岩溶资源环境问题最突出的地区，居住人口超过 1 亿人，普遍存在石漠化、岩溶干旱、洼地内涝、地下水污染等突出的环境问题和岩溶塌陷等地质灾害问题，严重制约了社会经济的发展。岩溶被公认为类似沙漠边缘的脆弱环境，岩溶资源和环境问题引起了各国政府和民众的高度关注，解决岩溶资源与环境问题是世界科学工作者所面临的一大难题。

　　地下水作为人类自然资源的一部分，为全球的绝大部分人口提供着宝贵的水源，同时支持着农业种植和工业生产活动。在我国城市用水中，400 多座城市开采利用地下水，地下水供水量占城市总供水量的 30%，华北、西北地区城市地下水供水比例高达 72% 和 66%。绝大多数欧洲国家均以地下水为主要饮水水源，瑞士、葡萄牙、意大利等国家饮用地下水供水比例高于 80%（吴爱民等，2016）。1955～1975 年，美国地下水总利用率增加了近 80%，地下水供水规模在逐渐扩大（Zaporozec，1979）。其中，岩溶水作为岩溶区主要供水水源，在社会经济生活中发挥着不可替代的作用。全球 20%～25% 的人口部分或全部依赖于岩溶水资源（Ford and Williams，2007），在类似于普利亚这样的地区，岩溶含水层也是唯一可

用的淡水资源。在我国，近 30 个大、中型城市以岩溶水为主要供水水源，约 20%
的人口以岩溶水为主要（或唯一）供水水源（其中西南岩溶区约 1 亿人）。西南
岩溶区共发育 3066 条地下河，以地下河水为供水的水源地有 105 个，供水人口
近 6000 万人。

随着工农业的发展，岩溶地下水污染日趋严重。工业有害物质的释放、杀虫
剂的使用和生活污水的无序排放是岩溶地下水污染的主要原因。另外，不合理开
采或过量抽取地下水，改变地下水水力状态，也加速了地下水污染的进程。在我
国南方岩溶区，地下水"三氮"和重金属（镉、铅、汞）污染较为普遍，部分地
区还遭受不同程度的有机污染。许多发达国家如美国、加拿大及欧洲一些国家，
由有机污染源产生的地下水污染问题已有几十年的历史，且污染面积和污染程度
均在不断加剧。在未来，气候变化和地表水水质恶化可能会加大人们从岩溶含水
层获取饮用水水源的需求。而岩溶系统的特殊性和脆弱性，需要我们对高度敏感
的岩溶水资源采取有效和准确的保护措施。

长期以来我国水环境保护的重点是地表水，地下水环境的监管能力建设相对
薄弱，相关工作明显滞后。因此，1999 年之前的《中国环境状况公报》都没有针
对地下水环境状况进行说明。在 1999 年的《中国环境状况公报》中，增加了对地
下水环境的说明：全国多数城市地下水受到一定程度的点状和面状污染，局部地
区的部分指标超标，主要污染指标有矿化度、总硬度、硝酸盐、亚硝酸盐、氨氮、
铁和锰、氯化物、硫酸盐、氟化物、pH 等。1980～2010 年 30 多年的长期监测显
示，包括岩溶水在内的全国地下水环境质量恶化呈逐年加重的趋势。岩溶水资源
与环境问题已经成为阻碍岩溶区社会经济发展的重要因素之一，尤其是煤矿等矿
山开采和生活污水及工业废水的排放引发的岩溶水污染加剧了岩溶区供水矛盾，
严重威胁了岩溶区饮水安全。

岩溶水环境问题早已受到广大专家和学者的关注，袁道先等七位院士起草了
"防止我国西南岩溶地区地下河变成'下水道'的对策与建议"，并发表在 2007 年
第 4 期"中国科学院院士建议"上。该文认为，我国西南岩溶地下河被污染是涉
及亿万人饮水安全和近 100 万 km$^2$ 国土上经济社会发展的重大问题，解决这个问
题需要从国家层面上尽快做出决策。同时，提出了"查清地下河分布和污染现状，
加强监测、执法，有关科技问题的攻关、科普、干部教育和治理已被污染地下河
等七条建议"。后分别被中国科学院办公厅刊物《中国科学院专报信息》2007 年
第 33 期、中共中央办公厅刊物《专报》、国务院办公厅刊物《专报信息》采用，
并得到曾培炎、回良玉同志批示。后来，国土资源部部长徐绍史同志于 2007 年
7 月 7 日批示："这是需要高度重视的一个问题。"

为此，中国地质科学院岩溶地质研究所依托联合国教科文组织国际岩溶研究
中心，于 2016 年提出了"全球岩溶动力系统资源环境效应"国际大科学计划建

议，旨在通过多种形式的国际合作，共绘"全球岩溶"一张图，建立全球岩溶信息平台，深化全球岩溶动力系统科学技术研究，突破岩溶关键带资源环境科学问题的瓶颈，为人类提供全球岩溶公共服务信息，为不同类型岩溶地区资源可持续利用和应对全球环境变化提供科学依据。

## ◐1.2　岩溶水环境质量状况调查研究进展

### 1.2.1　国外研究现状

#### 1.2.1.1　岩溶地下水污染调查进展

国外关于岩溶地下水环境的调查研究始于 20 世纪 40 年代。1947 年，美国佛罗里达州因暴发蓝藻而开展了岩溶地下水污染调查；此后，德国、瑞士等国相继开展了岩溶地下水资源环境调查。在 20 世纪 70 年代前，国外普遍关注无机污染物的调查研究；70 年代后，北美、欧洲的发达国家地下水污染研究的重点开始从无机污染物转向有机污染物。最初的调查是针对饮用水安全和加油站油罐泄漏事件，后逐渐过渡到对各水源地的系统调查研究。随着人工合成化学品的增多和检测手段的发展，被调查的污染物种类越来越多。到 1993 年，地下水中已发现的有机污染物达 184 种，包括卤代烃类、芳烃类、农药类等污染物，其中检出最多的有机物是卤代烃类和苯系物。

美国是开展地下水有机污染调查最早的国家之一，调查的起因是 20 世纪 70 年代在一些饮用水水井中发现了有毒有机污染物。1977 年在新泽西州 Brunswick 地区 27 口私有饮用水水井中发现有机污染物，经调查该地下含水层主要有机污染物为 1, 1, 1-三氯乙烷（TCA）和三氯乙烯（TCE），浓度最高可达几百甚至上千微克每升。对美国 1255 口家庭水井和 242 口公共供水井中未经处理的地下水进行取样分析，地下水中 60 种挥发性有机物（VOCs）、83 种农药和硝酸盐的浓度，发现前二者的检出率分别为 44% 和 38%，70% 的水样中至少有 1 种 VOCs、农药或硝酸盐检出，VOCs 和农药的检出量一般为 $0.001\sim100\mu g/L$；检出率最高的 5 种组分分别为脱乙基莠去津（DEA）、莠去津、氯仿、四氯乙烯（PCE）和西玛津。

地下水有机污染能够给公众造成巨大的健康风险，已经引起一些国家的高度重视。世界卫生组织（World Health Organization，WHO）、美国、欧盟和世界上许多国家和机构均逐年增加了饮用水中有机污染物的监控指标。美国环境保护署（U. S. Environmental Protection Agency，USEPA）早在 1979 年即公布了

129 种优先控制污染物的"黑名单",其中有机污染物达 114 种。1986 年美国国会通过了《安全饮用水法》,对全美饮用水制定了 83 项标准,其中有机指标 53 项;1996 年再次修订,总指标扩大到 100 项,有机指标增加到 64 项。1971 年 WHO 推荐的水质指标为 29 项,其中有机指标 2 项,到 2004 年 WHO 推荐的水质指标扩大到 125 项,其中有机指标增至 87 项。

1991~2001 年,美国地质调查局(United States Geological Survey,USGS)开展了第一轮国家水质评价计划(National Water Quality Assessment Program,NAWQA)。该计划收集和分析了全美 50 多条河流和含水层系统的数据和信息,目的是在河流、地下水和水生态系统方面建立长期持久的且可供对比的信息,以支持优良的管理和政策决策。2001 年,USGS 启动了第二个十年的国家水质评价计划(NAWQA)。在第二轮研究中,NAWQA 的主要任务是针对 19 个含水层的地下水水质状况和发展趋势进行区域评价,并对第一轮评价单元的成果进行补充和扩展,加强对地下水水质和水量方面的了解,确定十多年来监测点的变化趋势;同时,开展了城市化对河流生态系统的影响,营养物质和污染物在饮用水水井中的运移,杀虫剂、挥发性有机物、营养物质和微量元素对地下水质量的综合影响等工作。2005~2006 年,USGS 进一步评价了地下水水质和含水层中化学物质的运移。2014 年,USGS 整合了地表水和地下水计划,构成了当前水使命领域四大计划的格局:国家地下水资源与径流信息计划(National Groundwater Resources and Runoff Information Program,GWSIP)、NAWQA、国家水资源可用性和利用计划(National Water Availability and Utilization Plan,WAUSP)及水资源研究法案计划。

2000 年 10 月 23 日,欧盟颁布了欧洲议会与欧盟理事会关于建立欧共体水政策领域行动框架的 2000/60/EC 号令(简称欧盟水框架指令)。欧盟水框架指令是一项重要的政策倡议,为欧洲所有水域(包括江河、湖泊、地下水、江河口及沿海水域)的管理与保护制定了一种共同方法。其中,减少有害物质的污染,并逐步减少地下水污染,是相关子指令的重要主题。2003 年 9 月 22 日,欧洲委员会提出另一项指令,要求欧盟成员国监测和评价地下水质量,以控制和逆转地下水受污染的趋势。该建议是为了满足 2000 年欧盟水框架指令的要求,即委员会应提出"预防和控制地下水污染和使地下水水质保持良好"的法规。按照欧盟水框架指令,提出的措施必须包括"评价地下水化学状况和鉴定地下水污染趋势的基准"。

德国对岩溶区均做过系统的水文地质调查,其工作内容和程序与我国的工作基本相似。但对每个岩溶泉域投入的勘探、试验工作和研究程度普遍高于我国。他们对可能的落水洞与泉或钻孔之间都开展了示踪试验,更为确切地掌握了各个岩溶水径流通道的联系和展布方向、流速、泉域边界等岩溶水文地质要素,普遍建立了岩溶水系统的数值模拟和管理模型。

### 1.2.1.2　岩溶地下水系统防污性能评价

地下水系统防污性能评价是地下水污染调查的主要内容之一。通过对岩溶地下水系统防污性能和风险性的评价研究，可以了解人类利用土地活动与地下水污染之间的关系，表征污染源的位置以及可能存在的污染风险，刻画出地下水易被污染的高风险区，为土地利用规划和地下水资源管理提供强有力的工具，从而帮助管理者和决策者制定有效的地下水保护战略和措施。

1）地下水系统（含水层）防污性能的定义

地下水系统（含水层）防污性能这一概念是由"groundwater（aquifer）vulnerability to pollution"一词翻译而来，是指地表污染物进入地下水系统（含水层）的难易程度，即在一定的地质和水文地质条件下，如果地表污染物很易进入地下水系统，则该地区属于"vulnerability"（脆弱性）高的地区，反之是属于低的地区。在我国，对"groundwater（aquifer）vulnerability to pollution"有"地下水脆弱性""地下水污染敏感性""地下水易污染性"等多种表述。在2008年，中国地质调查局对该名词进行了统一，称为"地下水系统（含水层）防污性能"。但防污性能分级正好与英文的"vulnerability"的分级相反，即地表污染物很易进入地下水系统的地区是地下水防污性能低的地区，反之是属于高的地区。

1968年，法国人Margat首次提出"含水层防污性"（groundwater vulnerability）的概念（Margat，1968）。1987年，在荷兰召开的"土壤与地下水污染及脆弱性"（Vulnerability of Soil and Groundwater to Pollutants）国际会议上，试图对地下水系统防污性进行定义的论文有数篇。其中，Bachmat和Collin将其定义为"是对人类活动反应的本质敏感性，人类活动是指对资源利用价值现在和将来的危害"，他们建议在已知的人类活动中，用指定污染物质的浓度增量表示防污性（van Duijvenbooden and van Waegengh，1987）。

1987年，Foster提出了一种基于地下水污染风险的防污性定义。他认为地下水污染风险是含水层防污性能与污染物输入之间的相互作用，是人类活动对环境影响的结果，他用"含水层防污性"代表天然固有特性，它决定了含水层在污染物进入时对有害影响的敏感性（Foster，1987）。

此后的其他相关定义更加明确具体，将含水层特征同含水层和水井防污性能区分开来。在这种意义上，"含水层敏感性"（aquifer sensitivity）或"天然易污性"（intrinsic susceptibility）是污染物随水进入并在含水层中迁移难易程度的一种度量，它反映含水层及其上覆物质和水文地质条件的特征，而与污染物的化学特性和污染源的特征无关。与"含水层敏感性"或"天然易污性"类似的定义为：水从污染物的进入点到达地下水系统中某一特定位置所需的时间。同时，将地下水系统防污性分为两类：一类是天然防污性，即不考虑人类活动和污染源而只考虑水文地质内部因素的难易程度，是静态的、不可控制的和不变的，是含水层固有属性；另一类是特殊防污性，即地下水防止某一特定污染源或人类活动的能力，是动态的、人为可控和可变的，随污染源或人类活动变化而变化。

从地下水防污性概念的提出至今，尚未形成人们普遍认可和接受的定义。各种定义中的一致认识有以下几点。

（1）地下水含水层防污性应分为天然防污性和特殊防污性。

（2）天然防污性与地表地下的天然条件有关，而与污染物的性质无关，是含水层的天然固有特性。

（3）特殊防污性不但与地表地下的天然条件有关，而且还与污染物的性质有关。

不一致的认识主要如下。

（1）天然防污性的研究范围不一样。一部分学者认为地下水含水层防污性的研究范围为"地表至地下水面"；一部分学者则认为是整个含水层系统。

（2）对应上述研究范围，其防污性的内涵不一样。前者是影响污染物渗透和扩散的能力；后者则是系统输出的响应，是含水层系统对污染物敏感性和容量的综合反应。

2）影响地下水防污性能的关键作用过程

污染物进入地下以后会经历一系列的物理、化学和生物化学反应，这些反应导致污染物改变其物理和化学形态，并决定地下水含水层的防污性能。污染物从污染源到土壤层、非饱和带及饱和带中所经历的主要反应及过程见图 1.1。

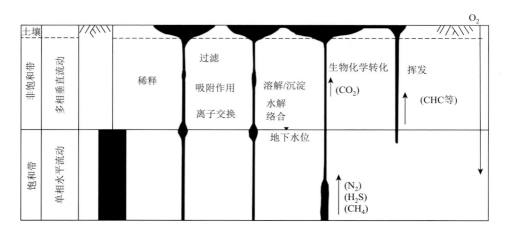

**图 1.1　地下水污染物降解的过程**（Foster，1987）

注：线条的粗细表明这些过程在不同部位的相对重要性

　　污染物进入地下的过程中，在土壤带中发生的变化最大，特别是在根系带，大量化学物质通过化学、物理作用，尤其是微生物作用被分解并被植物吸收。在非饱和带中，微生物活动相对土壤层中要少，以物理、化学作用为主。非饱和带的主要特点是延缓了污染物到达地下水面的过程。在饱水带中发生了物理、化学作用，其中溶解作用、稀释作用及水动力弥散作用对污染物衰减有显著影响。所有这些作用过程可归结到地下水流系统和地球化学作用系统，并决定地下水含水层的防污性能。

　　3）天然防污性能评价方法

　　地下水系统的天然防污性能评价方法大体分为指数评价法、统计或基于过程模拟的评价方法以及综合评价法三大类。指数评价法直接为政策和管理目标服务，评价结果为不同级别的防污性（一般分为好、中、差多个等级）。统计或基于过程模拟的评价方法通常给出如污染源区、超过环境标准的概率等评价结果，是由科学家为管理者提供的地下水系统防污性好（或差）的科学解释，以科学目标为主，在评价结果应用于地下水环境管理实际中还须向管理者做进一步的解释和说明。综合评价法则为前两类方法的综合应用。

　　指数评价法是对影响地下水系统防污性的各类关键因子进行排序、分级，并构建评分系统；最后按一定的权重关系将所有因子的得分（数值）叠加后得到综合防污性能指数，按数值的高低划分为不同级别的防污性能。这种方法运用的最早，也最普遍。

　　地下水系统防污性能评价模型种类繁多，目前，国外这类评价方法多达十几种。其中，USEPA 在 1985 年提出的 DRASTIC 模型应用最为广泛，世界许多地区曾应用该模型进行防污性能编图，如欧盟、南非、葡萄牙、尼日利亚、韩国、以色列等。此外，其他学者还提出了 GOD、SIGA、LEGRAD 等模型。

　　受地表-地下双层含水介质结构影响，DRASTIC 模型在岩溶区的使用受到了限制（钟佐燊，2005；严明疆等，2009），为建立更适合岩溶区的评价模型，Doerfliger 等（1999）提出了 EPIK 模型，该模型是首个专门针对岩溶区防污性能评价的方法。欧盟在 COST620（1997~2002）计划中提出了岩溶含水层保护的脆弱性（防污性能）编图方法——欧洲方法（COPK 模型），并提出了起源—路径—目标的模型概念，在这一模型框架下衍生了 PI、COP（西班牙）、Slovene、PaPRIKa 和基于示踪试验的 VULK 等评价模型（Goldscheider et al.，2000；Vías et al.，2006；Ravbar and Goldscheider，2007；Kavouri et al.，2011；Marín and Andreo，2015）。这些模型相对简单的适用性使得地下水防污性能评价及编图得到较好的应用，但是评价过程中将复杂的水文地质系统简单化可能导致评价结果失真。因此，Foster 等（2013）建议将防污性能评价结果作为反映含水层系统的一个最佳综合体，将其当作筛选工具，用于进一步确定地下水污染调查区域。

EPIK 模型重点考虑了岩溶含水层所特有的 4 个属性，即表层岩溶带发育强度（E）、保护性盖层（P）、补给类型（I）和岩溶网络发育情况（K）4 个因子。南方裸露型岩溶区具有地表-地下双层结构特点，对裸露型岩溶区地下水系统本质的防污性能起主要作用的因子至少包括上覆岩层、径流、大气降水和岩溶系统的发育程度四种。因此，EPIK 模型适用于裸露型岩溶区地下水系统防污性能评价。

COPK 模型的评价指标体系包含径流因子（C）、上覆岩层（O）、降雨动态（P）及岩溶发育程度（K）4 个因子，根据其研究目标可分为资源保护和水资源保护两种。资源保护的目标是地下水面，主要考虑径流因子（C）、上覆岩层（O）和降雨动态（P）3 个因素；水资源保护的目标是开采井中的水或泉水，需考虑径流因子（C）、上覆岩层（O）、降雨动态（P）及岩溶发育程度（K）4 个因子。欧洲方法没有详细描述各个评价因子如何分类及如何确定防污性等级，因此，研究者在实际应用中给出了不同的评价模型，主要包括 COP、PI、VULK、LEA 等。

COP 模型是一种简化的岩溶地下水防污性能评价方法。该模型考虑 3 个评价因子：径流特征（C）、覆盖层（O）和降雨条件（P）。C 因子的取值主要涉及 4 个变量，分别为到落水洞的距离、到渗漏河道的距离、地形坡度和植被覆盖率。到落水洞和渗漏河道的距离越远、地形坡度越大、植被覆盖率越高，则地下水防污性能越好。O 因子中非饱和带可细分为表层土、次表层土、非岩溶地层和非饱和带的石灰岩 4 层，其中覆盖层为土壤时，O 因子取值由土层的质地和厚度决定；当覆盖层为基岩时，O 因子则取决于非饱和带岩性、裂隙率、厚度和含水层的承压性等参数。P 因子主要反映降雨特征，由多年平均降雨量和降雨强度两个次级因子来评估。地下水防污性能评价指标由 O、C、P 因子的乘积获得，并按照相关标准进行防污性能分级。2005 年，越南在热带岩溶山区地下水保护调查研究工作中，采用 COP 模型建立了热带岩溶区地下水系统防污性能评价体系，开展了地下水危险性评估，编制了地下水风险图系。

PI 模型是一种考虑了岩溶区特殊性的地下水本质脆弱性评价模型，它基于起源—路径—目标模型。PI 模型包括两个主要因子：保护层（P）和入渗条件（I）。P 因子描述了从地表到地下水面之间的介质对地下水的保护能力，该因子可划分为 5 级，当 P = 5 时，说明保护层很厚，有很强的保护能力；当 P = 1 时，说明保护层防污能力最低。I 因子与欧洲方法的 O 因子十分相似，规定 I 的取值范围是 0～1，如果地表排水良好，或者出现水平入渗的情况即地表水很难进入地下则 I 因子赋值为 1；相反，如果出现落水洞等极利于入渗的情况则 I 因子赋值为 0。PI 模型因过于简单而很难得到符合实际的评价结果。

### 1.2.1.3 岩溶区地下水有机污染行为特征研究

岩溶区地下与地面组成的双层结构空间形成的温度差使持久性有机污染物

（POPs）易于沉降，因此岩溶区地下水有机污染的研究已成为 POPs 研究的特色区域。岩溶地下水污染途径可以划分为补给区污染型、天窗型、虹吸型、塌陷型、落水洞型、渗漏型等。

有机污染物在含水层里的运移主要是由它们的理化性质、环境介质性质决定的，正辛醇-水分配系数（$\lg K_{ow}$）高的有机污染物则强烈吸附在颗粒物上或沉积物中，表现为近距离迁移，而 $\lg K_{ow}$ 低的有机污染物则显示远距离迁移。

Simmleit 和 Herrmann（1987）的研究表明，在暴雨径流的冲刷作用下岩溶管道系统沉积物被搅动并重新返回地面污染环境。Simmleit 和 Herrmann（1988）对岩溶流域的沉积物、雨水及地下水进行了有机化合物的研究，发现林丹主要残留在土壤表层的腐殖质中；丰水期，地下水和沉积物中的林丹浓度显著增加，这证明林丹由于饱和蒸气压（$P_s$，Pa）和溶解度（$S_w$）较高，且易溶于水、挥发性强，因此表现出远距离迁移和易于释放的特征。韦丽丽（2011）报道了垃圾经落水洞进入岩溶管道系统后，垃圾碎屑物在管道内渗出的污染物可以长期污染地下水。Mehmet（2005）对土耳其南部的 Kestel Polje-Kikgoz 岩溶泉进行农药和营养物质研究发现，农药（林丹、DDT、DDD、DDE 等）被禁用几十年后仍然存在岩溶泉水中，且浓度（81～9009μg/L）高于国际饮用水标准，这说明 $\lg K_{ow}$ 较高的农药类有机污染物进入岩溶地下水系统后易吸附于沉积物中，并因环境变化而释放。

#### 1.2.1.4 地下水污染动态监测

美国在水污染调查研究方面具有最先进的监测技术、数据处理分析技术、数值多维成像显示技术等。伊利诺伊大学计算机应用研究所与自然资源可持续性研究所正在开发测试纳米探头用于农业污染物如氮、磷等瞬时监测，数据可通过网络实时传送，数据获取时间间隔可小到 1 分钟。该技术不仅能获取大量实时数据而且能代替化学分析，大大减少人力物力。

国外目前已开发并在使用的先进仪器包括：水质多参数监测系统，该系统使用紫外光谱技术可自动采样，并分析样品中一系列营养物及其他参数；多探头仪，可以同时测量 pH、温度、电导率、氧化还原电位（Eh 或 ORP）、溶解氧（DO）、浊度，以及一些特定离子等水质参数；自动数据记录和遥测系统，可以实时获取监测数据。

### 1.2.2 国内研究现状

#### 1.2.2.1 岩溶地下水环境质量调查进展

国内岩溶地下水环境质量调查研究工作起步较晚，20 世纪 80 年代才陆续开展相关工作。在"七五"期间，关碧珠等（中国地质学会岩溶地质专业委员会，

1982）完成了"中国北方岩溶充水矿区、水源地岩溶水污染问题研究"，结果表明：北方岩溶区轻度、中度和重度污染水的总污染面积为 9192.2km²，占评价区总面积（15.96 万 km²）的 5.76%。在工业较集中的城镇、矿山和地面环境与大气环境较差的岩溶水系统径流、排泄区的局部地段，出现点状或面状污染。

我国的改革开放极大地促进了社会经济发展，但也带来了严重的环境问题，突出表现为包括岩溶水在内的全国地下水环境质量恶化并呈逐年加重的趋势。为全面掌握和了解我国区域地下水环境质量状况，1999 年随着新一轮地质调查工作的开启，中国地质调查局率先在北京地区部署了地下水有机污染调查工作，基本查明了北京市近郊区浅层地下水中有机污染状况并开启了国内有机污染物测试实验室规范化建设序幕，为第一轮全国地下水污染调查做好了技术准备（陈鸿汉，2005）。

2006～2010 年开展了全国首轮地下水污染调查评价（第一阶段），调查工作主要部署在城市及人口密集区和重要经济区，包括华北平原、松辽平原、淮河流域平原等平原地区和珠三角、长三角沿海地区；其目的是查明地下水污染状况，综合评价地下水污染程度及变化趋势，编制全国地下水污染防治与保护区划，建立地下水水质与污染预警系统，为国家地下水污染防治、地下水资源保护和完善饮用水水质标准提供依据。

在南方岩溶区，由于岩溶地区常缺少天然防渗或过滤层，地表水和污染物极易通过溶缝、落水洞等直接进入岩溶含水层或地下河。南方岩溶区"土在楼上，水在楼下"、北方岩溶区"煤在楼上、水在楼下"的水土资源空间分布基本格局和多重岩溶含水介质结构特性，使得岩溶水系统对环境污染特别敏感；加之有关法律还不完善、干部群众对岩溶地下水系统的特点缺乏认识，导致南方岩溶区大量的地下河正在逐步变成排污的"下水道"。

2010 年以前，南方岩溶区仅在局部地区开展过零星的地下水污染调查工作，区域上的工作直到 2011 年才全面开展。2011～2015 年，在全国首轮地下水污染调查评价的第二阶段，中国地质调查局全面启动了包括中国南方岩溶区和北方岩溶区在内的全国地下水污染调查工作，基本查明了我国主要岩溶区地下水质量和污染状况，开展了地下水防污性能评价，建立了地下水污染防治区划，为开展全国地下水污染防治、地下水资源保护及保障饮水安全提供了科学依据。

为加大地下水环境保护与污染控制工作力度，2011 年 10 月环境保护部、国土资源部与水利部联合发布了《全国地下水污染防治规划（2011—2020 年）》，提出要建立地下水污染风险防范体系，建立预警预报标准库，构建地下水污染预报、应急信息发布和综合信息社会化服务系统；到 2015 年要全面建立地下水环境监管体系，初步遏制地下水水质恶化趋势；到 2020 年全面监控典型地下水污染源，使重点地区地下水水质明显改善。

为客观判断我国地下水环境形势，科学制定地下水环境保护政策，推进我国地表水、地下水污染协同控制工程和系统管理体系的建立，实现水环境质量的总体改善，环境保护部、国土资源部、水利部、财政部四部委于 2011 年 7 月联合下发了《关于开展全国地下水基础环境状况调查评估工作的通知》（环办〔2011〕102 号），决定在"十二五"期间组织开展全国地下水基础环境状况调查评估工作；按照"有限目标，突出重点；统筹部署，综合协调；总体谋划，分步实施；先行试点，统一规范"的原则，并于 2011 年率先在北京市、山东省、贵州省及海南省开展试点工作；2013～2014 年在各省（自治区、直辖市）全面开展调查评估工作；2015 年完成全国地下水环境信息调查评估报告，构建地下水环境管理技术、政策体系。

为加强岩溶区地下水基础环境状况调查评估技术研究，全国地下水基础环境状况调查评估工作总体技术组专门设立了"岩溶区地下水基础环境状况调查评估"项目，项目组历时 9 年（2011～2019 年），在系统总结现有国内外岩溶区地下水污染调查评估案例基础上，以"双源"为对象，以岩溶水系统为单元，以土地利用方式为纽带，以人类活动对含水层结构及水质影响为重点，以含水层特征污染物种类、来源及其污染途径的调查分析为主要内容，通过基础资料搜集整理、野外调查、现场试验、统计分析等手段，对比分析工业区和农业区岩溶地下水化学特征，充分考虑各化学指标之间的联系，利用因子分析法进行案例区水化学敏感因子识别并量化其污染贡献；筛选工业区与农业区的特征污染物，进行典型污染物的迁移转换过程的对比研究，探索岩溶水源地不同类型污染源的污染风险评估技术方法，编制了《岩溶区地下水基础环境状况调查评估技术指南》，为全国岩溶区地下水基础环境状况调查评估工作的顺利开展提供了技术支持。

### 1.2.2.2　岩溶地下水污染机理研究进展

21 世纪以来，相关科研院所相继对西南岩溶区几个较典型的地下河系统（如贵州后寨河流域、柳州鸡喇地下河系统、贵州龙滩口地下河系统、湖南洛塔地下河系统等）水环境污染机理进行了深入调查研究，尤其是对地下河中 POPs 的污染机理进行了定量分析。戚爱萍和侯继梅（2001）、徐建国等（2009）对济南地区岩溶地下水有机物污染研究表明，地下水污染的直接原因是岩溶地质环境和工厂排污，其中有机氯农药（OCPs）类（2～17.9ng/L）、多环芳烃（1.2～317ng/L）的检出率较高，分别为 60% 和 40%，9 年间污染呈持续性发展。

关于岩溶地下河污染机理的研究，邹胜章等在 2006～2015 年分别以柳州鸡喇地下河系统、桂林海洋—寨底地下河系统、河池岜片地下河系统、开阳响水洞地下河系统为例，开展了地下河水复合污染机理与防控原理研究，系统阐明了典型地下河系统水环境复合污染的动力过程，初步揭示了 N、Cl、Mn、Cr、Cd、抗生素等复合污染物在水-土-岩体系内的迁移转化机制（Zou et al.，2007；邹胜章等，2007，2008，2010；于晓英等，2009；于晓英和邹胜章，2009；卢海平等，2012；姚昕等，2014；朱丹尼等，2016；Zou et al.，2018）。杨梅等（2009）报道了重庆典型岩溶区地下河水和表层沉积物已受到了 OCPs 的污染，上游有机污染物含量高于下游，枯水期有机污染物含量高于丰水期。孔祥胜等（2010）的研究表明，广西百朗地下河入口段沉积物对城镇排放污水中的 OCPs 和 PAHs 具有较强的吸附作用，近距离的迁移后两者均显示降低的趋势，这可能是由于漏斗底部高浓度 PAHs 的土壤在降雨的径流冲刷作用下汇入地下河造成的。系列研究表明，岩溶区特殊的地下-地表双层空间结构导致岩溶区更易受到污染。这些前期研究对岩溶区地下水污染物的来源、迁移、沉降、吸附和归趋研究有重要指导意义。

2008～2010 年，梁永平等开展了"中国北方岩溶区地下水环境问题成因机制与保护对策研究"，认为北方岩溶区水环境问题主要是由自然和人为两方面因素引起的。北方 119 个岩溶地下水系统中有 83 个系统为"水煤共存"系统，煤矿开采、发电、农业生产等活动形成的工农业废水、废渣不同程度地参与地下水循环过程，使得岩溶地下水遭受污染并出现水质不断恶化的趋势（梁永平和韩行瑞，2013；梁永平等，2013）。北方岩溶地下水水质恶化的主要原因为人类活动产生的"三废"通过各种途径进入岩溶水循环系统，以及岩溶水动力条件和岩溶水文地质条件的改变。北方存在大量已闭坑或即将闭坑的煤矿，由此带来的"老窑水"潜在水环境问题不容忽视，必须采取有力措施尽早应对。

### 1.2.2.3 岩溶地下水系统防污性能评价

尽管我国对地下水系统防污性能研究起步较晚，但诸多学者曾从不同的角度探讨了"地下水脆弱性"评价的各种方法（钟佐燊，2005；吴登定，2006；王燕秋，2010；马荣等，2011；张翼龙等，2012；张海涛等，2019），也发现了在平原区地下水脆弱性评价中 DRASTIC 模型存在不足且带来明显影响。

我国对非岩溶区的评价多直接采用 DRASTIC 模型或对该模型进行一些小的改进（雷静和张思聪，2003；严明疆等，2009；刘春华等，2014）。对岩溶区的研究，大多是在 COPK 模型的基础上衍生出来的，局限于研究区独特的岩溶地貌和水文地质条件，每个模型都没有得到广泛的应用（刘松霖等，2013；李晨和程星，2015；刘海娇等，2015；崔亚丰等，2016）。

我国南方岩溶流域的地表水与地下水转换频繁，地下水环境对人类活动响应敏感，地下水环境脆弱。针对我国南方裸露或半覆盖型岩溶水系统发育特点，相继建立了表层岩溶带（邹胜章等，2005）、岩溶槽谷区（章程等，2007）、覆盖型岩溶区（邹胜章等，2014）、香溪河岩溶流域（贾晓青等，2019）等岩溶区地下水系统的评价模型。

针对北方岩溶泉域上游为裸露补给区、下游为埋藏型岩溶区的发育特点，梁永平和韩行瑞（2013）选择包气带厚度、垂直入渗补给强度（包括大气降水入渗补给及河流、水库渗漏补给量）、包气带岩性（碳酸盐岩分布埋藏类型）及岩溶含水层导水性能（以保护泉域水质为核心，1 年期内开采时泉水量削减度响应）等作为评价因子，建立了北方典型泉域防污性能评价模型。

为指导我国南方广大岩溶区地下水系统防污性能评价，邹胜章等（2014）在 COPK 模型基础上，建立了适合于南方岩溶区地下水系统防污性能评价的 PLEIK 模型。该模型主控因子包括保护性盖层厚度（$P$）、土地类型与利用程度（$L$）、表层岩溶带发育强度（$E$）、补给类型（$I$）、岩溶网络发育程度（$K$）。该模型突出了 $P$、$L$ 因子，并赋予各因子比 EPIK 模型更丰富的内涵，同时采用多种计算方法来确定各因子值，充分体现了指标体系的易获取性和可量化原则。另外，通过对 PLEIK 模型指标含义的延伸，PLEIK 模型亦可适用于大比例尺全裸露岩溶区的评价以及岩溶区内夹非岩溶区的评价。

### 1.2.3　存在的主要问题

在我国，岩溶地下水污染调查研究起步较晚，且南方岩溶与北方岩溶发育条件不同，南北方岩溶地下水系统特征差异较大。目前，我国岩溶区地下水污染调查尚无统一的国家技术规范，急需融合南北方岩溶区地下水污染调查技术方法，进一步指导开展我国岩溶区地下水基础环境状况调查评估。尤其是对岩溶地下水防污性能评价的验证工作不足，对评价结果进行可靠的检验应该作为防污性能评价的基本要素来对待，而目前研究人员面临的一大挑战便是获取通用且易于应用的方法来测试和验证防污性能评价结果。由于各个地区制定的地下水系统防污性能评价仍然没有统一的标准与规定，因此横向上没有较强的可比性，对于防污性能相关的编图指标也急需进一步的标准化。

在地下水流和污染物运移模型的基础上发展起来的过程模拟方法（姚文峰，2007；郇环等，2013），既可以用于评价地下水系统天然防污性能，也可以用于评价针对某种污染物的特殊防污性能。但建立合适的岩溶区水流和污染物运移模型是一个世界性难题，因此，过程模拟方法暂时无法在岩溶区得到应用与推广。Gogu 和 Dassargues（2000）曾指出未来水文地质学家的一个主要挑战就是建立水系统防污性能评价方法和过程模拟法结合的评价体系，尤其是针对岩溶区的评价体系。

我国岩溶区地下水污染防治工作注定面临一个艰难的过程。因为其面对的是制度建设方面亟待完善、技术层面空白、地方政府和基层主管部门工作低效、数额巨大的资金缺口，以及仍处在污染不断恶化的现实，可以说是一个全社会的系统工程，需要全社会行动起来。尤其是在岩溶区常常出现水土污染一体化情况，且在多重岩溶介质内常形成稳定的次生污染源，导致对岩溶区地下水污染的治理更加困难。

# 2 岩溶水及其污染特征

## ◐ 2.1 岩溶水运动特征

### 2.1.1 岩溶水特点与功能

岩溶水,亦称岩溶地下水,是指赋存并运移于岩溶化岩体中的地下水;岩溶水属于地下水范畴。但在我国南方裸露型岩溶区,由于漏斗、落水洞、大型溶洞与管道等的存在,岩溶水又具有地表水的特征,尤其是地下河管道内水流普遍表现为无压紊流,具有地表水的流动特性。因此,岩溶水的存储和运移兼具地表水和地下水的特点,这也决定了岩溶水及其污染物运移的复杂性。

岩溶水具有地下水的全部功能,大体上可以概括为资源功能、地质营力功能、致灾功能、生态环境功能、信息载体功能等(张人权等,2011)。岩溶水的功能在资源功能、生态环境功能、自然文化遗产与旅游资源功能、致灾功能等四个方面表现尤为突出(韩行瑞,2015)。

全球约有25%的人口部分或全部依靠岩溶水供水(Ford and Williams,2007)。我国岩溶水资源总量约 $2039.67 \times 10^8 \text{m}^3/\text{a}$ (韩行瑞,2015),是近百个大中城市、煤电能源和煤化工等大型工业基地的主要供水水源。在以华北地台为中心的北方岩溶区,岩溶水资源总量约 $108.8 \times 10^8 \text{m}^3/\text{a}$,以岩溶大泉排泄为特征;在以滇黔桂为中心的南方裸露型岩溶区,岩溶水资源总量约 $1847.0 \times 10^8 \text{m}^3/\text{a}$,以地下河排泄为特征。

## 2.1.2 岩溶水循环与转化

### 2.1.2.1 岩溶区类型及其发育特征

按岩溶地质环境条件、岩溶及水文地质特征，岩溶区分为裸露型、覆盖型和埋藏型（表 2.1）。

**表 2.1 岩溶区类型主要特征及典型分布区**

| 岩溶区类型 | 主要特征 | 典型分布区 |
| --- | --- | --- |
| 裸露型岩溶区 | 可溶岩地层广泛裸露，局部低洼部位有第四系覆盖；地形破碎，沟谷深切，地表各种岩溶形态、岩溶洞穴和地下河发育；地貌类型主要为峰丛洼地、峰丛谷地、断块山地、峰林谷地等；地下水深埋，地下水系统结构复杂，含水介质以溶洞、管道组合为主，地下水补给、径流和排泄条件复杂，地下水动力及水化学动态不稳定 | 主要分布于我国地势二级阶梯区的南方热带和亚热带地区，包括云贵高原及其边缘的湘西、鄂西和滇、黔、桂交界的斜坡地带 |
| 覆盖型岩溶区 | 可溶岩地层多被第四系覆盖，局部地区正向岩溶形态裸露，地下岩溶形态以溶蚀裂隙为主，局部发育较大溶洞；地貌类型主要包括冲积平原、洪积平原、黄土高原、孤峰平原等；地下水浅埋或深埋，含水介质由溶洞、溶隙组成，地下水补给、径流和排泄条件较复杂，地下水动力及水化学动态较不稳定或较稳定 | 北方主要分布于我国地势二级阶梯区的黄土高原等；南方分布于我国地势三级阶梯区，如广西峰林平原与珠三角孤峰平原等 |
| 埋藏型岩溶区 | 可溶岩地层普遍埋藏于非岩溶地层之下，岩溶形态以溶蚀裂隙为主，局部岩溶洞穴受构造严格控制；岩溶地貌类型较单一，主要包括向斜盆地、褶皱山地和凹陷盆地等；岩溶地下水系统结构简单，含水介质以孔隙、裂隙为主，空间分布较均匀，地下水补给、径流和排泄条件较简单，地下水动力及水化学动态较稳定 | 北方主要分布于我国地势三级阶梯区，包括鄂尔多斯盆地、华北平原等地区；南方为局部地区以夹层的形式偶有分布 |

### 2.1.2.2 岩溶水循环特点

岩溶水是地球水循环中的一部分，积极参与水文循环和地质循环。由于岩溶含水介质的多重性（孔、隙、缝、管、洞并存），岩溶水在水文循环过程中表现出交替积极、更新速度快的特点。

不同类型的岩溶区，其水循环深度和循环特征不一样。在裸露型岩溶区和浅覆盖型岩溶区可直接接受大气降水补给；深覆盖型岩溶区和埋藏型岩溶区只能通过上覆地层的越流或裸露区间接接受大气降水补给。

裸露型和浅覆盖型岩溶区水循环是指从大气降水至地下河系统或岩溶泉系统输出的水循环全过程，包括大气降水、地表径流、壤中径流、表层岩溶带径流、地下径流的"五水"间的相互转化（图 2.1）。岩溶水循环除受最基本的地层岩性特征影响外，还受地质构造、岩溶地貌与缝洞结构、含水岩组、表层岩溶带、土地类型、植被条件等水分转化界面的控制。

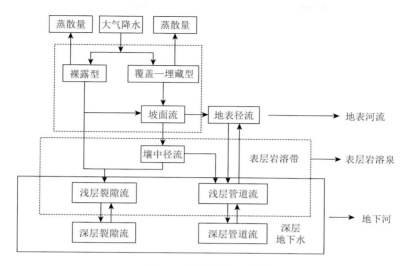

图 2.1 岩溶水循环转化

岩性作为影响水循环的重要因素之一，同时也影响着地貌、土壤、植被形成和发育。不同的岩性地层形成的表层岩溶带、土壤结构和含水介质结构类型也不尽相同，岩溶发育程度和规模也有较大差异，由其控制着岩溶水系统的输入、传输和输出过程，从而影响着系统的水文特性。

岩溶水以其在不同介质中的转化为基础实现水的循环。岩溶水"五水"转化的过程表现为：大气降水首先进入土壤层内，补充土壤层内的水分亏缺，土壤的含水量逐渐增大；当土壤含水量达到饱和时，超过入渗能力的那部分降水便转化为地表径流。随着降水持续，表层岩溶带逐渐蓄水达到饱水状态，并以洞穴滴水形式进入地下河管道或溶洞之中；这期间表层岩溶带径流的来源主要包括两部分，一是地表径流通过连通性良好的裂隙优先渗入表层岩溶带，二是土壤层内的土壤水以活塞入渗的方式下渗至表层岩溶带中。当表层岩溶带全部达到饱水状态后，降水继续下渗至基岩裂隙或溶隙中，加上通过落水洞等直接进入岩溶含水层的部分地表径流，最终形成饱和带岩溶水，并以地下河的形式排泄进入地表水体（图 2.2）。

岩溶水循环的运移途径由岩溶水系统含水介质结构类型决定。在岩溶发育的南方地区，岩溶水主要在宽大的溶缝和地下河管道中运移；在北方岩溶区，岩溶水主要在裂隙、溶蚀孔隙中运移（图 2.3）。由于北方岩溶水系统发育规模大且具有高度开放性，总体上表现出较多的要素构成与复杂的转化关系。系统内同时存在包括大气降水、地表水、松散层孔隙地下水、碎屑岩裂隙地下水和岩溶地下水等多种水资源类型，各水资源类型间存在直接或间接的复杂转化关系。

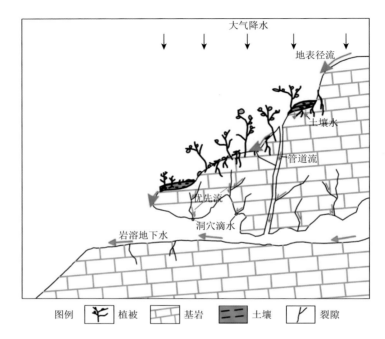

**图 2.2 南方裸露型岩溶区"五水"转化概念模式**

### 2.1.2.3 岩溶水系统"五水"转化数学模型

从上述的"五水"转化过程可以看出，大气降水直接转化的地表径流在数量上等于降水总量减去蒸散量（含植被蒸腾量、地表水蒸发量和地下水蒸发量）以及土壤水-表层岩溶带水-饱水带岩溶水三者增量后的差值。由于南方岩溶山区处在温湿气候区，地下水的埋藏深度一般较大，地下水的蒸发量小，基本上可以忽略不计。此外，在补给过程中，只有当降水补足了前期的土壤或表层岩溶带的水分亏空后才会产生新的有效补给。可以利用累积蒸散量来估算前期需水量（罗明明等，2018）。

根据上述概念模型，岩溶区"五水"水量均衡表达式为

$$P = T + D + K + W \tag{2.1}$$

式中：$P$ 为大气降水量；$T$ 为土壤含水量增量；$D$ 为地表径流量；$K$ 为表层岩溶带水量；$W$ 为地下河或岩溶泉出口流量。

由于植被截留、地层岩石的渗透性及孔隙度等原因，大气降水（$P$）不能全部进入地下，其下渗到地表之下的水量即为降水入渗补给量（$X$）。

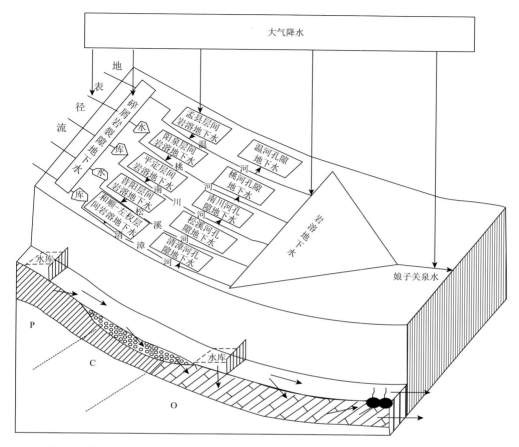

**图 2.3 娘子关泉域岩溶水资源要素及转化关系示意图**（梁永平和韩行瑞，2013）

$$X = \alpha \times P \qquad (2.2)$$

式中：$X$ 为降水入渗补给量；$\alpha$ 为降水入渗补给系数；$P$ 为大气降水量。

降水入渗补给系数 $\alpha$ 等于降水入渗补给地下水的水量 $\mu \times \sum \Delta h$ 与大气降水量 $P$ 的比值，它与潜水埋深、包气带岩性、降水、地形等条件有关。

可以采用地下水动态资料计算法计算降水入渗补给系数：

$$\alpha = \mu \times \sum \Delta h / P_{年} \qquad (2.3)$$

式中：$\alpha$ 为降水入渗补给系数；$\mu$ 为给水度；$\sum \Delta h$ 为年内各次降水入渗补给形成的地下水位升幅；$P_{年}$ 为年降水量。

土壤含水量增量的计算方法为

$$T = \omega \times S \qquad (2.4)$$

式中：$T$ 为土壤含水量增量；$\omega$ 为土壤含水率；$S$ 为研究区土壤总质量。

### 2.1.3 岩溶水动力垂向分带

地下水的运动是岩溶发育的重要条件之一，从地表向地下深处，地下水的运动逐渐减缓；相应地，岩溶发育强度也逐渐减弱。尽管岩溶缝洞个体的发育规模差异巨大、空间结构十分复杂，但在层状岩性、水动力条件、构造等因素控制下，岩溶发育强度在垂向上具有一定规律性，表现为带状分布特征。

不同碳酸盐岩岩石结构对岩溶作用响应表现出明显的差异（中国地质科学院岩溶地质研究所，1987），在水动力作用下造成了岩溶在垂直方向上和水平方向上发育的不均匀性（中国科学院地质研究所岩溶研究组，1979）。不同学者根据各自的理解，将岩溶在垂向上划分为3~5个带（表2.2）；这些分带方法都是以地下水动力条件作为其分带的主要依据（何宇彬，1991）。从以往分带的定名来看也是各有特点，但有一个共同点就是都没有对各带进行科学的定义，个别分带甚至有交叉现象，如垂向洞穴带（落水洞）本身就没有一个严格的界线，和渗流带也有重叠的部分，在实际中很难加以区分；另外，季节变动带受地形影响在不同地区的厚度差异巨大，且只是在大雨和暴雨时才会出现短暂的水位抬升，绝大部分时段还是属于垂直渗流带的一部分，把这部分单独划分为一个带在岩溶垂向分带上没有实际意义。

**表 2.2 岩溶水动力垂向分带代表性方案**

| 代表人 | 分带定名 | 代表人 | 分带定名 |
|---|---|---|---|
| 郝蜀民等（1993） | 垂直渗入带<br>季节变化带<br>水平径流带<br>深部径流带 | 邬长武等（2002） | 风化壳（地表岩溶）<br>垂直渗流带<br>季节变动带<br>水平潜流带<br>深部缓流带 |
| 郭建华（1993） | 地表岩溶带<br>过渡带<br>地下水平潜流岩溶带 | 周永昌等（2000）<br>肖梦华等（2010） | 地表岩溶带<br>渗流岩溶带<br>潜流岩溶带 |
| 贾振远等（1995） | 风化残积层<br>垂向洞穴带（落水洞）<br>渗流带<br>潜流带<br>岩溶基准面（隔水层） | 陈学时等（2004）<br>戎意民（2013） | 地表岩溶（残积）带<br>垂直渗流岩溶带<br>水平潜流岩溶带<br>深部缓流岩溶带 |
| 王俊明等（2003） | 表层大型溶蚀带<br>上部交替溶蚀带<br>下部交替溶蚀带<br>底部缓流溶蚀带<br>深部滞流溶蚀带 | 韩行瑞（2015） | 地表岩溶带<br>包气带<br>季节交替带<br>浅饱水带<br>压力饱水带<br>深部缓流带 |

#### 2.1.3.1 岩溶水动力垂向分带及其发育机理

岩溶水动力垂向分带是以岩溶水动力条件为基础,根据岩溶发育强度的分带标准,将同一类水动力条件下岩溶发育强度相近且在空间上互相连接的部分划分为同一个岩溶发育带,将不同水动力条件下岩溶发育强度差异较大的部分划分为另一个不同的岩溶水动力垂向发育带,即以岩溶发育较弱的层位为界划分岩溶水动力垂向发育带。

根据岩溶缝洞系统发育强弱及地下水运动方式、岩溶作用方式,结合现代岩溶动力学理论,可将裸露型岩溶区碳酸盐岩地层在垂向上划分为表层岩溶带、垂向渗滤溶蚀带、径流溶蚀带、潜流溶蚀带等四个带(图2.4);带与带之间都有一个较为明显的岩溶欠发育层位,即各种岩溶化强度指标由大向小发生突变的面。

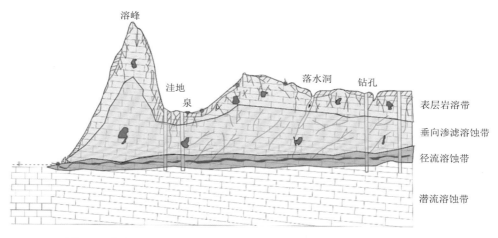

**图2.4 南方现代岩溶水动力垂向分带特征剖面图**(夏日元等,2011)

在裸露型岩溶区,岩溶水的循环以径流交替为主,从分水岭到河谷地带表现为以垂直运动为主的补给过程逐渐变为以水平运动为主的径流汇集与排泄过程,并且以集中径流和集中排泄为特点。岩溶水动力垂向分带发育机理可用图2.5所

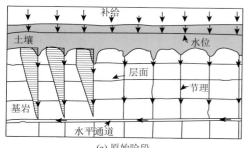

(a) 原始阶段

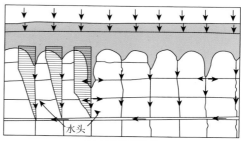

(b) 初步发育阶段

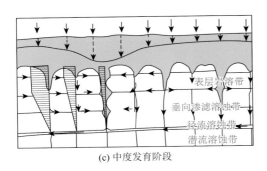
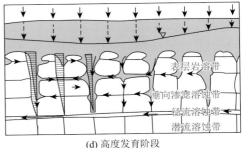

(c) 中度发育阶段          (d) 高度发育阶段

**图 2.5 岩溶水动力垂向分带发育机理模型**［据 Cooley（2002）改编］

示的网状发育模型来表示，反映了具有次生孔隙的可溶岩体沿节理和层面不断扩溶而形成岩溶系统的整个过程（邹胜章等，2016a）。

图 2.5（a）显示出土壤层底部因扩溶作用导致岩体上部垂向节理的渗透率增加，此时上部土壤层水与下部水平通道水基本上没有直接的水力联系；随着溶蚀过程的发展，不但垂向节理继续扩溶，沿层面也开始出现溶蚀现象［图 2.5（b）］，但各垂向节理间还没有出现水平方向的水力联系，土壤层水与下部水平通道水仍没有直接的水力联系，水位也基本保持不变；当个别垂向节理与下部水平通道连通时［图 2.5（c）］，通过连接部位的水流迅速增加，土壤层水与下部水平通道水之间就有了直接的水力联系，并在该处形成水位降落漏斗，同时，沿层面的溶蚀也在不断扩展，但各垂向节理间仍没有水力联系。

当呈网状发育的大部分垂向节理与下部水平通道连通且沿层面也有水力联系时［图 2.5（d）］，土壤内水位整体下降；在垂向节理溶蚀较窄的部位（岩溶弱发育层位），常形成瓶颈效应而截留部分下渗水，形成了表层岩溶带。

在水平向水流集中的地方往往发育地下河管道（径流溶蚀带），而与表层岩溶带和地下河管道相连的部分则成为垂向渗滤溶蚀带，它主要起到表层岩溶带和径流溶蚀带之间水力联系的作用，岩溶以垂向溶蚀裂缝发育为主。因大部分地下水从径流溶蚀带排泄，导致径流溶蚀带以下岩溶相对不发育；但受区域性排泄基准面和深大断裂（或裂缝）的影响，局部地方一定程度上仍然会有岩溶发育，从而形成潜流溶蚀带。显而易见，每个带与带之间都有一个较为明显的岩溶弱发育层位。

水是岩溶水动力垂向分带发育的必要条件之一，而降水入渗扩散则依赖于土壤盖层；一般地，渗流水在地表以下约 10m 深度范围完成溶蚀化过程；因此，土壤以下的溶蚀裂隙发育随着深度的增加而迅速减缓直至停止，使得渗流进入这种高溶蚀性的皮下层比排泄要容易得多。大雨过后由于瓶颈效应在该带中有大量滞留水，形成了一个底部由毛细管组成的表层岩溶含水层（即表层岩溶带）；由于构造和层间裂隙引起的裂隙率和渗透率在空间上的差异，表层岩溶含水层的底部垂向渗流通道向下发展（垂向渗滤溶蚀带），并与由溶蚀性水扩大的管道（径流溶蚀带）连通。从而，在皮下流水位处形成类似于抽水井中的低压带——表层岩溶含水层中的水流通道调整并汇聚形成主渗流线，更多溶蚀性水流汇聚并提高垂向渗透率。Doerfliger 等（1999）提出岩溶含水层的概念模型（图 2.6），客观地阐明了各岩溶带间水的迅速交换过程。

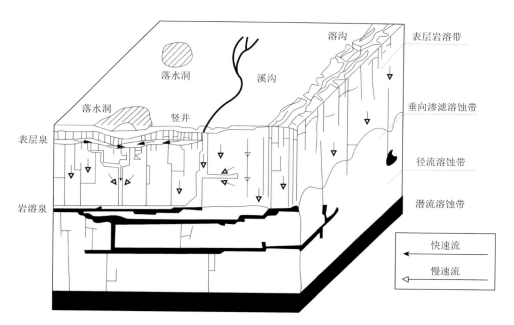

**图 2.6　岩溶水系统概念模型**［据 Doerfliger 等（1999）改编］

### 2.1.3.2　岩溶水动力垂向分带发育特征

根据现代岩溶动力学理论，岩溶水动力垂向分带具有如下特征。

1）表层岩溶带

"表层岩溶带"的概念，首先是由法国学者在 20 世纪 70 年代初期通过建立岩溶水文地质野外试验场而在薄层泥质灰岩中发现并提出的。1975 年，Mangin 将其应用于岩溶水文学方面，区分出岩溶水动力垂向分带中包气带上部含水较丰富的部分，使岩溶水动力垂向分带更加完善。目前，对表层岩溶带的概念或定义尚未取得一致的认识。由于研究目的不同和研究区条件的差异，对表层岩溶带的理解有广义与狭义之分。

总体而言，表层岩溶带是可溶岩体地表岩溶作用相对强烈、岩溶化程度较高，并常以相对完整的可溶岩部分为其下界面的岩溶发育带；通常表现为在可溶岩体地表以下附近的一定深度范围内，存在着一个以溶沟、溶槽、溶缝、溶隙、溶痕、溶穴、溶管、溶孔等岩溶个体形态组合而成的强岩溶化层（带），其下界面是地表向下各种岩溶化强度指标由大向小发生突变的面。其厚度可达数米，或可能完全缺失。

此带的主要特点是：岩溶空间规模较小；溶蚀空间连通性较强；不同地貌单元，其分带厚度具有明显的差异，一般条件下：地下水补给区＞径流补给区＞径流区＞排泄区。

2）垂向渗滤溶蚀带

在垂向渗滤溶蚀带，地下水沿断层或裂隙向下渗滤（或渗流），对碳酸盐岩进行淋滤、溶蚀，以形成一系列垂直或高角度的溶缝或溶洞、溶蚀空间连通较弱为特点。不同地貌单元，其分带厚度具有明显的差异，一般条件下：地下水补给区＞径流补给区＞径流区＞排泄区。其上界为表层岩溶带相对隔水的底板，下界为大型近水平状溶蚀缝洞（尤其是岩溶管道）的顶板。

3）径流溶蚀带

径流溶蚀带位于地下水径流带，地下水流速较快，地下水沿断层或裂隙径向径流，对碳酸盐岩进行溶蚀，形成一系列近水平的溶缝、溶洞或岩溶管道系统。此带的特点是：溶蚀空间规模较大，同系统岩溶空间连通性较强；岩溶发育极不均一；不同地貌单元其分带厚度差异不明显。

4）潜流溶蚀带

位于地下水径流带之下，地下水流速较慢，地下水沿断层或裂隙潜流对碳酸盐岩进行溶蚀，溶蚀空间规模较小，岩溶发育不均匀，后期机械充填较弱，化学淀积作用较强，整体岩溶相对不发育。

## ◐ 2.2 岩溶水污染特征

### 2.2.1 污染物主要类型

岩溶区分布的污染源包括工矿业污染源、农业污染源和生活污染源。不同污染源污染因子各异：①金属矿山污染，污染因子主要为重金属铅、锌、镉、铬等；②能源（煤矿）矿山污染，污染因子主要为砷和汞等，多为能源矿山伴生矿种；③工业污染，污染因子主要为重金属、二氯甲烷、四氯化碳、总滴滴涕等；污染来源主要为开采、选矿、冶炼、化工等生产活动产生的矿坑水、固废、废水等携带的所属矿种和伴生矿种或工业产生的"三废"直接或间接进入岩溶地下水系统；④农业污染，主要污染因子组合为三氮，由于局部地区化肥、农药的过度使用，污染物通过灌溉或降水淋滤进入地下水系统。城镇垃圾随意堆放在洼地或谷地中，甚至直接倒入落水洞，已成为岩溶地下水污染的主要来源；城镇污水处理率低，除县城外，几乎没有任何处理设施，污水直接排入落水洞、地下河入口或小溪河流，这也是岩溶地下水重要污染途径之一；另外，农村的生活垃圾和污水随意排放亦不容忽视。

调查显示，南方岩溶区地下水超标指标多达 29 个，主要包括铝、铁、锰、铅、砷、碘、亚硝酸盐氮、氨氮、苯并[a]芘、总六六六、总滴滴涕、六氯苯、四氯化碳等。常规指标污染贡献率最大，达到了 75.9%；毒理指标为 22.9%，微量有机指标为 1.2%。单指标中以铝、铁、锰、铅、砷、三氮的贡献率最高，铝、铁、锰超标主要是由原生环境造成的，多呈面状分布；铅、砷超标主要与矿业有关，呈点状污染。大气干湿沉降是南方岩溶水有机污染的主要来源之一。

三氮污染在南方岩溶区总体比较普遍且分散，主要集中分布于桂中桂北峰林平原（谷地）区、滇东黔西断陷盆地地区和云贵高原区，污染呈面状分布。由于这些地区农田分布较密集，三氮超标多由农田施用化肥、养殖废水任意排放引起。

南方岩溶地下水微量有机物共检出 18 个，检出率较高的有苯乙烯、二甲苯、二氯甲烷、三氯乙烯，检出率分别为 3.38%、2.83%、2.1%、1.91%；有 6 个指标超标，超标率最高的为二氯甲烷，超标率为 0.17%，主要由渔业养殖和化工厂生产污染造成。

此外，人工合成的"三致"新型有机物在局部地表、地下水体中大量存在。在漓江、柳江等多条河流中共检出 27 种微量有机物，其中增塑剂类在局部地段超标，多氯联苯、农药类等人工合成有机物也均有不同程度检出。在因垃圾填埋场渗漏、生活污水直接排放而受到污染的"下水道式"地下河中，除了检出大量抗生素、（类）激素等新型污染物外，还检出大量多氯联苯、苯并芘等"三致"有机物。贵州开阳县响水洞地下河内共检出 35 种高浓度微量有机物，包括挥发性有机物和多氯联苯各 1 种，半挥发性有机物 8 种，抗生素类新型污染物25 种。

受煤矿工业影响，北方岩溶区地下水硫酸盐化现象严重；北方能源基地煤矿闭坑后采空区蓄积的"老窑水"已成为北方岩溶区地下水的最大威胁。农业和生活污染源是导致山东岩溶水系统硝酸盐污染的主要原因。

## 2.2.2 岩溶水污染途径

南方岩溶区的洼地、漏斗、竖井等负地形是污染物集中进入地下的主要途径（图 2.7），而表层带密集发育的网状溶缝则是污染物进入地下的面状通道。

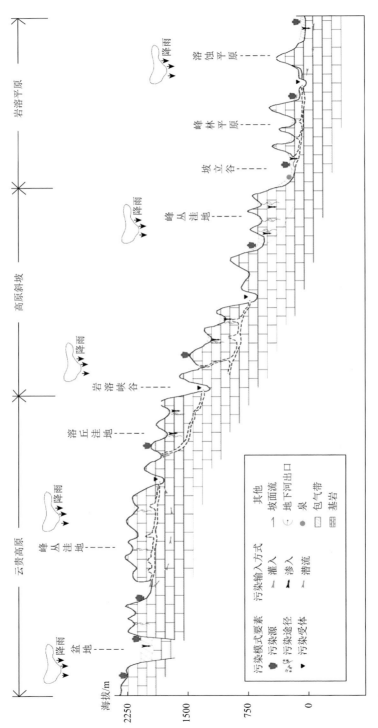

图 2.7 南方岩溶区不同地貌区污染途径示意图

根据污染源分布、污染过程与污染途径、含水层结构及含水介质特征等要素，结合南方岩溶区"双层结构"特点，概化为表层带间歇性渗入式、突发灌入式、持续渗入式、下水道式等 4 种典型的岩溶水污染水文地质基本模式（表 2.3）。

表 2.3　岩溶区水污染水文地质基本模式

| 污染方式 | 分类依据 | | | 污染过程与污染途径 | 典型案例 |
|---|---|---|---|---|---|
| | 水动力特征 | 水文地质结构 | 水运动方式 | | |
| 表层带间歇性渗入式 | 间歇性 | 表层岩溶带—包气带 | 入渗 | 包括降水和人工排污两种情况。污染物在雨水淋滤（淋溶）作用下，随坡面流沿溶缝入渗地下引起的污染可归纳为气象间歇式污染；人为间歇性排放方式主要是指生活污水排放或农田污灌，污染物随污水沿溶缝入渗地下引起污染。水污染程度取决于表层岩溶带的防污性能。表层岩溶带覆盖层（上覆黏土层或溶缝泥质充填物）会截留大部分污染物，尤其是颗粒状污染物或附着在颗粒上的污染物；但半充填溶缝基本上没有防污性能 | 重庆金佛山磨房泉、重庆南山老龙洞桂花湾泉 |
| 突发灌入式 | | 饱水带 | 径流 | 包括暴雨期携带面源污染物的地面汇流和间歇性的工业排污两种情况，水量大、时间短；污水以径流形式通过落水洞、竖井等直接进入地下河管道内 | 南平老龙洞地下河 |
| 持续渗入式 | 持续性 | 表层岩溶带—包气带 | 入渗 | 污染源为表层岩溶带内污水坑/塘或垃圾填埋场、尾矿库等可不间断产生污染物的场所，污染物随污水（淋滤水）通过覆盖层和溶缝缓慢渗入地下，持续污染地下水。在持续性的污染物入渗情况下，表层岩溶带对污染物的吸附达到饱和，已失去防污性能 | 宜都市王家畈乡毛湖淌村石庙冲泉、重庆綦江区铁堡湾泉 |
| 下水道式 | | 饱水带 | 径流 | 污水（主要是生活污水）以径流形式持续不断地通过落水洞、竖井等直接进入地下河管道内，地下水水质具有明显的昼夜变化规律，并与人类活动时间一致 | 重庆老龙洞地下河、重庆万盛佛鱼孔地下河、五峰长乐坪地下河 |

## 2.2.3　岩溶水系统中污染物迁移转化

污染物在岩溶水系统中的迁移转化方式决定着岩溶水污染防治技术方法的选择。

污染物进入岩溶水系统后会发生一系列的变化，通过各种变化，污染物向以下几个方面转化：①分散在水体中，逐渐稀释；②分解和转化为其他物质，并消耗水中的溶解氧，使水质恶化；③沉淀在底泥中；④被水生动植物吸收。

水溶性污染物可随水流进行迁移，在岩溶含水层中，地下水通过土壤的分散渗透，经过落水洞和下渗流最终进入管道系统（肖鹏，2009）。轻非水溶相流体（light non-aqueous phase liquids，LNAPLs）漂浮于地下水面上，在岩溶水系统中，LNAPLs

污染物趋向于向主管道或主径流带运移。高密度非水相液体（dense non-aqueous phase liquids，DNAPLs）则在水位以下集聚并与碎屑沉积混合而占据管道；由于密度的不同，DNAPLs 能进入沉积物的空隙中，并长时间滞留于沉积物表面。

细菌或微生物大多是附着在悬浮颗粒物表面进行运移，且附着在悬浮颗粒物上的细菌占地下水中细菌总数的比例与降雨时间段密切相关（图 2.8、图 2.9）；地下河内的堆积物对微生物具有明显的截留作用，其对微生物的吸附和缓慢释放是导致地下河在很长一段时间内都会受到微生物污染的主要原因（邹胜章等，2010）；而地下河局部存在的溶潭等蓄水构造对污染物具有明显的稀释效应，是岩溶地下河系统产生自净作用的主要场所。

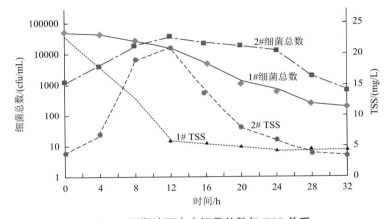

**图 2.8　雨期地下水中细菌总数与 TSS 关系**

TSS 为悬浮固体物总量；1# 和 2# 为监测点

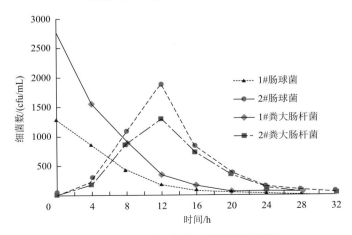

**图 2.9　雨后地下水中不同类型细菌数**

1# 和 2# 为监测点

通过对"水-土-碳酸盐岩"岩溶环境下单一污染物体系和复合污染物体系内 Mn、Cr(Ⅵ)的动态吸附、物理和化学解吸模拟试验的研究，深入了解了 Mn-Cr(Ⅵ) 在岩溶水系统内的交互作用（邹胜章等，2012）。

（1）单一体系内，Mn、Cr(Ⅵ)均以专性吸附为主，不易活化、迁移，但土壤 对 Mn 的吸附率远大于 Cr(Ⅵ)。在非酸性环境的复合体系内，Mn、Cr(Ⅵ)表现为 以物理吸附为主，易活化、迁移，从而易造成水体重金属污染；两者表现为协同 作用，但 Mn 对 Cr(Ⅵ)的影响远小于 Cr(Ⅵ)对 Mn 的影响（图 2.10）。

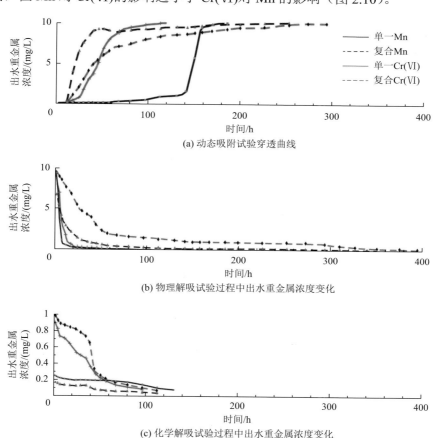

图 2.10　典型重金属在"水-土-碳酸盐岩"体系中的交互作用试验结果

（2）在酸性环境下，Cr(Ⅵ)对 Mn 表现出协同作用，Mn 对 Cr(Ⅵ)表现出拮抗 作用。这与 Cr(Ⅵ)的竞争吸附和所处的岩溶环境有关。

（3）土壤对不同组分溶液内的同一污染物的环境容量不同，在开展环境影响 评价和对水-土体系内污染物运移模拟时，需根据不同的污水性质确定环境容量或 给定污染物运移参数。

# ◖ 2.3　岩溶水系统水质变化特征

## 2.3.1　天然状态下岩溶水系统水质变化特征

　　由于介质的可溶性，岩溶水在流动过程中不断扩大改造介质，从而改变自身的水化学特征。在天然状态下，岩溶水化学表现出自补给区到排泄区总溶解固体（total dissolved solids，TDS）不断升高的趋势，但该过程中水-岩作用是缓慢而轻微的，且受到降水补给影响（沈照理等，1999）。人类活动通过向岩溶水系统添加外来物质或通过加速水-岩作用直接对岩溶水水质产生影响，不但影响强度大而且时间长。

　　对洛塔干河猪场泉表层岩溶带水化学的长期监测显示（朱远峰和梁彬，2002；梁小平等，2003），其水化学在 2 个水文年内变化很小，总硬度略有上升，$HCO_3^-$基本上没有变化（图 2.11）；但各组分浓度随降水量呈明显的季节性变化。各组分浓度的季节变化呈现短期波动，反映了降水后水流的快速混合。

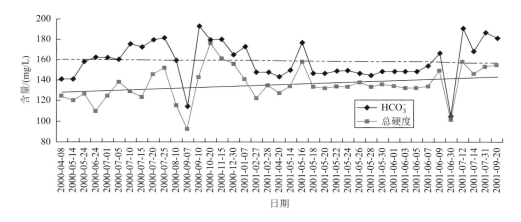

**图 2.11　湖南洛塔干河猪场泉典型水化学组分动态曲线**

　　在枯水期，S106 泉的水化学组分变化具有如下规律（图 2.12）：①$Ca^{2+}$与总硬度变化趋于一致，相关系数达到 0.97，变动幅度都很小；②$Mg^{2+}$与$SO_4^{2-}$变化趋于一致，但$SO_4^{2-}$的变幅更大（达 10mg/L，均值约 9mg/L）。这说明不同碳酸盐岩具有不同的溶蚀作用：灰岩具有较稳定的溶解速率，因而 $Ca^{2+}$、$HCO_3^-$ 及总硬度的变幅小；白云岩溶解速率受多种因素控制而呈现大幅度变化。

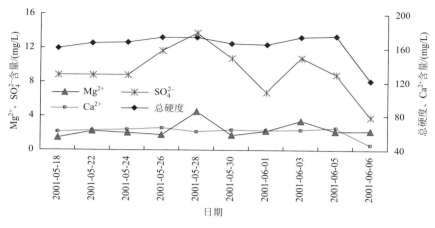

**图 2.12    湖南洛塔 S106 泉的水化学组分动态曲线**

## 2.3.2    人类活动对岩溶水环境质量影响分析

罗维等（2017）通过对贵阳上寨地下河系统近 35 年的监测资料的综合分析，发现上寨地下河历史水质变化分为三个阶段（图 2.13），且这三个阶段与上寨地下河系统及周边区域在城镇化过程中所经历的农村—城郊—城镇的三个过程相对应。1981～1987 年为未受影响期，该时期研究区以纯农耕为主，生态环境基本保持原生状态，地下河水质多为 II 类、III 类，水化学类型均为 $HCO_3$-$Ca\cdot Mg$ 型，属原生类型；1988～1995 年为轻微影响期，随着研究区西部某标准件制造厂和北部铝合金厂的先后投产，人类活动逐步增强，地下河的水化学类型向 $HCO_3\cdot SO_4$-$Ca\cdot Mg$ 型转变，水质多为III类，部分年份出现IV类水；1996～2015 年为严重影响期，该时期研究区社会经济发展迅速，作为城乡接合地带，其人口和小型企业日益集中，地下水水质类别长期为IV—V类，且常见多组分同时超标。随着 2015 年后研究区城镇化程度的进一步提高，尤其是国际金融中心在地下河主径流带的开工建设，水质开始好转。

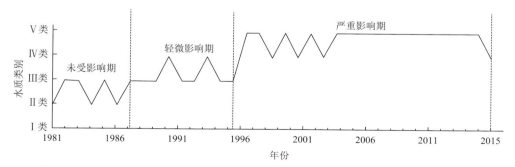

**图 2.13    上寨地下河系统 1981～2015 年水质类别变化及阶段划分**（罗维等，2017）

上寨地下河水质随城镇化进程呈明显阶段性变化，且在城乡接合部地区水质最差（图 2.14）；这是因为在城乡接合部，因人口、企业激增，基础设施建设滞后，社会管理未能跟上，大量排放的污染物因得不到妥善处置和不合理的城市开发与建设（破坏地下水系统结构和水均衡）导致近郊区地表水和浅层岩溶地下水受到严重污染（杨秀丽等，2017）。

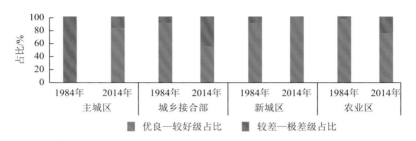

图 2.14　贵阳市不同功能区地下水水质级别变化图（杨秀丽等，2017）

对南方岩溶区地下水污染调查结果显示，城市区水质超标点绝大部分分布在近郊区和污染性工矿企业分布区。对比各城市近 20 年来的监测数据，发现各城市中心城区地下水水质自 2005 年后有好转趋势，但近郊区水质在快速恶化。中心城区地下水水质的好转，主要得益于中心城区地面硬化和市政排污管网的不断完善，因此污染物难以进入地下（邹胜章等，2016b）。近郊区地下水水质恶化则主要是在快速的城镇化过程中，农村转移人口，污染性工业、养殖业不断向近郊区集中，而近郊区的市政排污管网并不完善甚至尚未建设，导致日益增加的工业废水、生活污水、生活垃圾等就地排放，近郊区地下水水质恶化不可避免。

# 3

# 岩溶水环境质量调查评估程序与内容

## ◐ 3.1 目的任务与基本要求

### 3.1.1 目的任务

开展岩溶水环境质量调查评估工作的主要目的是系统查明地下水水质和污染状况，为地下水资源保护及污染防治提供科学依据，为保障国家供水安全、粮食安全和生态安全提供基础数据，为开展地下水污染防治规划提供基础资料。

调查评估的主要任务包括以下几个方面：在掌握区域水文地质条件和污染源分布的基础上，以"双源"为重点，系统开展岩溶区土地利用核查、水文地质结构补充调查和主要污染源识别，查明地下水水质与污染状况；进行地下水质量、地下水污染、地下水系统防污性能、地下水污染风险评价，综合评价地下水质量和污染程度及变化趋势；制定地下水污染防治和地下水资源保护区划；建立岩溶地下水基础环境状况调查评估数据库与信息系统。

### 3.1.2 基本要求

#### 3.1.2.1 调查范围及评估要求

调查范围应根据城市国民经济建设的战略布局和城市中长期总体规划需要、以完整的岩溶水系统为单元确定。

调查层位以表层岩溶水系统及用于供水目的的岩溶含水层为主，覆盖型岩溶区的上部潜水含水层作为岩溶含水系统的一个整体也需要开展补充调查。

调查评估对象为地下水水质和污染状况，突出地下水有机污染物尤其是新型污染物的调查评估。

岩溶重点调查区的选择原则为：在区域上具有一定经济影响力的地级以上城市，优先考虑以岩溶地下水为主要供水水源的城市以及地下水污染严重的地区，兼顾不同的岩溶类型区。

### 3.1.2.2 调查分类及精度

岩溶水环境质量调查评估以岩溶水系统为单元开展，调查分为区域调查和重点区调查。

区域调查精度一般为 1：250000，在收集已有相关资料基础上，通过系统的地下水污染调查、评价与监测，查明区域地下水质量和污染的总体状况、影响因素和污染途径、变化趋势等，分析地下水污染成因与发展趋势，初步阐明特征污染物的迁移转化机制，提出地下水污染场地的防治建议及措施。

重点区调查主要是针对主城区、重点水源地和工业集中区开展，调查评价重点区域地下水质量和污染状况，具体分析影响因素和污染途径，预测水质变化趋势等，其调查精度为 1：50000；其中，在主城区等污水进入市政管网的地区，只做补充调查，主要工作量应部署在污水未进入管网而直接进入排污沟渠或地表水体的地区。

对于单独的岩溶水系统内的地下水基础环境状况调查，重点调查区则包括污染源分布区、主径流带区（如地下河管道分布区）、洼地落水洞等集中补给区；其他地区为一般调查区。在重点调查区内，可适当地开展污染场地调查，以确定污染场地污染特征，为污染场地治理方案的编制提供基础资料。

### 3.1.2.3 调查评估阶段

总体上分为"四个层次""三个阶段"，即基础资料搜集整理、野外调查、综合研究和数据库建设四个层次，基础调查、采样测试和评估区划三个阶段。

基础调查阶段：基本查明区域水文地质条件、水点类型与分布、污染源和土地利用状况，为制定地下水监测和采样计划提供依据。

采样测试阶段：制定地下水监测和采样计划，核查采样点、规范采样与测试。

评估区划阶段：评估地下水质量和污染状况，编制地下水污染防治区划。

## ◉ 3.2　工作内容与工作方法

### 3.2.1　调查评估主要工作内容

岩溶水环境质量调查评估主要包括土地利用核查、污染源核查、岩溶水文地质调查和环境水文地质调查，重点加强人类活动对地下水质量影响的调查（表 3.1）。各项调查均按地质矿产行业标准《区域地下水污染调查评价规范》（DZ/T 0288—2015）附录 A 及《岩溶地下水基础环境状况调查评估技术指南》补充的表格要求填写，并利用野外记录本完整记录调查过程、访问结果及调查表中未涉及的内容。

表 3.1　岩溶区地下水基础环境状况调查评估工作量一览表

| 工作量类别 | 1 : 250000 | | | 1 : 50000 | | |
|---|---|---|---|---|---|---|
| | 裸露型 | 覆盖型 | 埋藏型 | 裸露型 | 覆盖型 | 埋藏型 |
| 土地利用核查点/(个/100km²) | 2～4 | 3～5 | 1～2 | 5～10 | 10～20 | 3～5 |
| 污染源核查点 | 对重要或潜在污染源进行核查 | | | 对重要或潜在污染源进行核查 | | |
| 水文地质调查点/(个/100km²) | 2～4 | 4～6 | 1～2 | 10～30 | 30～50 | 6～10 |
| 包气带调查点/(个/100km²) | 1～3 | 2～4 | 1～2 | 3～5 | 5～10 | 2～3 |
| 地下水样/(个/100km²) | 1～2 | 2～3 | 0.5～1 | 5～10 | 10～20 | 3～5 |
| 地表水样 | 1%～3% | | | 3%～5% | | |
| 土样 | | | | 3%～5% | | |

注：百分数为占地下水样总数的比例。

#### 3.2.1.1　土地利用核查

以资料收集、综合分析为主。按照国家土地利用分类标准，结合调查区土地利用规划，调查土地利用现状及其变化情况，分析城市开发建设对地下水水质、水量的影响，尤其需要查明区内落水洞、漏斗、天窗、地下河出口等的封堵及地下河管道改道情况。对因城市建设所影响的泉、分散供水水源地等敏感点，需要做重点调查，查明其局域水文地质条件变化，并根据实际情况提出开发性保护的建议。

#### 3.2.1.2　污染源核查

在收集环保部门污染源调查资料的基础上，有针对性地对未进入污水处理厂排污管网的污染源进行重点调查。

调查对象包括点源（如垃圾填埋场、排污口、火车货站清洗场、水处理站/厂等）、线源（如地表排污沟渠）、面源（如污灌区、农业区）及潜在污染源（如加油站、化工厂、现已覆盖或填埋的老污染源）。调查内容包括污染源性质及类型、污染物排放量、特征污染物及浓度、排放去向。对已成为污水排放或垃圾堆放场地的竖井、落水洞等作为点污染源进行详细调查。

加强对北方岩溶泉域污染途径的分析，需从岩溶水系统的水资源要素构成及转化关系着手，在掌握岩溶水循环条件基础上，根据污染源分布和特征污染分析来定量研究污染途径。

### 3.2.1.3 岩溶水文地质调查

1）基本要求

以已有 1∶200000、1∶50000 区域地质、区域水文地质调查资料为基础，在初步掌握区域岩溶地质条件和岩溶发育规律基础上，重点查明区域地下水补给、径流和排泄条件变化及影响变化的自然因素及贡献，建立岩溶水系统结构模式或模型；查清重要的人类活动（如土地利用、水资源开发等）情况对地下水质量的影响，重点是地下水开发利用状况、集中开采水源地分布及其开采量、岩溶地下水开发引发的次生环境地质灾害（如岩溶塌陷）等。对控制性水点都要实测流量。对有特殊意义的水点，应实测水文地质剖面图或洞穴水文地质图，并素描或摄影。

不同岩溶类型地区，岩溶水文地质调查的要求应各有侧重。

a. 裸露型岩溶区

裸露型岩溶区，要重点查明地下河系统和岩溶大泉系统的结构特征和区域分布规律，查明补给、径流、排泄条件，分析流量变化及其原因。

地下河和岩溶大泉调查是裸露型岩溶区岩溶水文地质调查的重要内容之一，要调查控制地下河和岩溶大泉发育的基础地质条件，重点是岩溶地层的展布情况和断裂构造、褶皱的分布情况。

注意对微地貌的调查，如洼地、干谷、溶井、漏斗、落水洞、出水洞、天窗、竖井、深洞、塌陷的分布，这些不仅是地下河的地表标志，而且对岩溶地下水防污具有重要意义。

在调查天然水点的基础上，分析岩溶地下水的区域埋藏条件；根据水位高程，判断不同季节地表水与地下水间的转换关系，判断岩溶地下水集中径流通道或地下河是否存在。

b. 覆盖型岩溶区

覆盖型岩溶区的水文地质调查，既要调查覆盖层中的孔隙地下水，又要调查其下部岩溶地下水，且以岩溶地下水为主。

对于上覆第四系或新近系松散岩类孔隙含水层，首先开展包气带结构调查，区域调查应初步查明包气带岩性组成、厚度及区域分布特征；重点区调查应查明土壤类型与分区，包气带岩性、厚度、结构及分布特征，特别是包气带中黏性土层的组成、厚度与分布特征等。

调查松散岩类孔隙含水层与下伏岩溶含水层之间的接触关系、水力联系及岩溶地下水的承压状态。

调查覆盖层下的地质构造、不同岩溶岩组及非岩溶层的分布情况，以及岩溶地下水的汇水条件。

调查与地下通道有关的岩溶形态，如封闭洼地、串珠状落水洞、漏斗、塌陷、脚洞、消水点等，分析其与地层、地质构造、下伏岩溶发育的关系。

在调查上覆孔隙含水层污染情况的基础上，要重点掌握松散地层的分布和结构特征、物质成分、含水层的透水性，以判断对岩溶地下水进一步污染的可能性及需要采取的防护措施。

c. 埋藏型岩溶区

埋藏型岩溶区的水文地质调查，主要是调查各岩溶含水层的埋深、厚度、水量、水质。

调查局部出露的岩溶地层及邻近裸露型岩溶地层的岩性和上覆非岩溶地层及局部出露的岩溶地层中的构造现象和变化情况。

若上覆非岩溶地层底部为隔水层、弱透水层或极弱透水层，且地质构造破坏不剧烈时，应充分调查岩溶地层局部出露地带的入渗补给条件、流经该地带地表水的骤减或骤增现象，判定埋藏型岩溶含水层的补给与排泄的方式和范围。

若上覆非岩溶地层含水丰富，且两者间没有明显隔水层分布时，应调查分析非岩溶含水层的水流运动特征，分析二者的补给与排泄关系。

d. 裸露—覆盖型岩溶区和裸露—埋藏型岩溶区

裸露—覆盖型岩溶区即常说的半裸露型岩溶区，被覆盖的谷地、槽地、盆地的水文地质调查，参照覆盖型岩溶区的调查要求开展工作；其他地区按裸露型岩溶区的调查要求开展工作。

裸露—埋藏型岩溶区水文地质调查，可分别参照裸露型或埋藏型岩溶区的调查要求开展工作，注意它们之间的补排关系。

在覆盖型岩溶与埋藏型岩溶重叠的地区，进行水文地质调查时，应考虑埋藏型的要求，注意调查上下层（或多层）岩溶水之间的补给与排泄关系。

2）包气带结构调查

主要查明岩溶含水层上部覆盖土壤类型与分布，包气带岩性、厚度、结构及分布特征，特别是包气带中黏性土层的组成、厚度与分布特征等。建立典型剖面。

3）表层岩溶带结构调查

在资料收集基础上，初步查明表层岩溶带岩溶发育程度、入渗条件、厚度及分布；表层岩溶泉的边界条件、地质背景、出露条件、流量变化、水质；绘制水文地质剖面草图或示意图。

4）岩溶地下水系统结构调查

以资料收集为主，建立地下水系统结构模式、模型；岩溶水系统的大小可根据区域特征，划分到三级甚至四级。调查内容包括主要含水层的岩性组成、厚度与分布，边界条件，弱透水层的岩性、分布与厚度。不仅要突出对地下水系统的整体性、区域分布和边界条件变化的调查，而且要重点根据岩溶含水岩组类型，结合上覆地层的防污性能特征及污染源分布，初步圈定易污染区等。

5）补给、径流、排泄条件变化调查

基本查明降水变化、市政建设、土地利用等对地下水补给变化的影响，调查地下水排泄的主要方式与排泄量的变化，并根据系列动态资料，通过数值统计或建立数值模型模拟，分析地下水流场变化及其原因。

在补给地段，应查明大气降水与地表水渗入地下的方式与通道。在径流地段，主要查明集中岩溶水流的埋藏深度、运动方向及水动力特征。在排泄地段，做好地下河和岩溶泉出口的调查。

岩溶区"三水"（大气降水、地表水、地下水）转化较为频繁、迅速，尤其是南方裸露型岩溶区需要掌握单次或多次完整降雨的水文过程及水质变化趋势。对"三水"转化关系的掌握，不但有助于分析污染物运移途径，更有助于认识北方岩溶泉域水系结构。

6）地下水位统测与水质现场测试

对岩溶水点水位均要进行实地测量，力求获得最枯数据，并访问其动态变化。

在开展现场调查及人工监测采样时，还需要对各岩溶水点水质进行现场测定，测定指标包括 pH、气温、水温、DO、电导率、Eh 或 ORP、浊度、$Ca^{2+}$、$HCO_3^-$。

7）岩溶水点调查

主要岩溶水点有岩溶泉、溶潭、天窗、地下河、伏流、地下湖，以及人工揭露岩溶水点。

天然水点：出露的地质构造及所处构造的部位，结构面的产状及其性质、地质构造与岩溶发育的关系；水位、埋深、水深或流量，并访问其变化幅度及观测洪水痕迹，对所有水点都要实测水位或流量；现场测试水的物理性质，如颜色、气味、透明度、水温等，同时观测气温、洞温；注意观察水生动物（如鱼类）的活动情况。

人工揭露水点（水井）：以开采岩溶水的各类水井为主，开采其他含水层的水井可根据分布情况有所侧重。依据机民井调查表填写相关调查内容，尤其需要查明井深、开采层位及含水层性质、开采量、水位与水质变化情况、周边地质环境情况。无论水井是否废弃，只要没有被填埋都需要做详细调查，尤其是进入岩溶含水层的水井，以便作为备用监测网点。

#### 3.2.1.4  环境水文地质调查

环境水文地质问题，包括天然劣质水分布状况，以及由此引发的地方性疾病等环境问题。

（1）在岩溶区，最常见的是天然状态下地下水中铁、锰、铝超标，这是因为碳酸盐岩地层中铁、锰、铝浓度较高；在局部地区还会因为石膏层的存在导致地下水中 $SO_4^{2-}$ 浓度偏高。

（2）调查地下水开采过程中水质、水量、水位的变化情况，以及引起的环境水文地质问题，如岩溶塌陷等。

（3）调查岩溶水系统内重要矿山开采等人类活动与岩溶水循环的关系，重点查明并分析矿山开采对岩溶水水质的影响程度。

（4）确定区域地下水背景值或对照值。

### 3.2.2  调查评估主要工作方法

针对岩溶区特殊的地质结构，需根据一般调查区和重点调查区分别选用适宜的调查方法。针对岩溶城市区地下水露头少、表层土多被水泥路面覆盖、市政规划有一定的规律性等特点，应以城市功能区划为基础，以岩溶水系统为单元，以地表水与地下水转换关系为纽带，与地表水污染、大气污染和土地利用及经济社会发展等方面调查相结合，按建成区、在建区、扩建区三个层次综合开展重点区地下水环境质量调查。具体的调查技术方法包括遥感地质解译、地面补充调查、水文地质物探、水文地质钻探、水文地质试验、环境同位素与示踪试验等。

#### 3.2.2.1  遥感地质解译

宜选用彩色红外片、紫外或红外扫描航空遥感片和 TM/SPOT 卫星遥感图像作为遥感解译信息源。

解译内容包括：地貌类型、微地貌（尤其是要分辨出洼地、落水洞、天窗、漏斗等负地形）特征，以及识别点、线、面污染源（如管线泄漏污染调查），城市垃圾和工业固体废物的堆放及规模，城市建设发展变化和工业布局等，尤其是发现因城市化建设而掩盖的多年前存在的污染源。

#### 3.2.2.2  地面补充调查

调查的重点是核查岩溶水点的地理位置、地貌特征、地层岩性、地质构造、岩溶发育、水文地质的基本情况，并对水位、埋深、流量、水质、动态变化、开发利用历史与现状等进行描述。调查点应能反映主要水文地质条件、人类活动/

土地利用、重要污染源分布、水源地分布等。原则上参照相应比例尺的水文地质调查工作要求开展工作。

补充调查可在对岩溶水系统全面认识的基础上,针对各监测点开展重点调查。南方岩溶区的调查重点是"三水"转化关系及污染源分布特征;北方岩溶区的调查重点是上下含水层结构关系与相互间的水力联系,尤其是河流渗漏和煤矿开采等对含水层水质的影响。

### 3.2.2.3 水文地质物探

1)水文测井

在重点调查区配合钻探取样划分地层,评价水文地质条件,为取得有关参数提供依据。

2)地面物探

物探方法较多,应根据待查的水文地质条件和工作目的确定适宜的物探方法。地面物探工作重点布置在地面调查难以判断而又需要解决问题的地段,钻探困难或仅需初步探测的地段。

岩溶区常用的物探方法包括高密度电阻率法、激电测深法、瞬变电磁法等,可协助寻找地下河和裂隙溶洞的含水构造、查明裂隙溶洞含水层的分布情况、确定岩溶发育的主导方向和深度以及圈定富水地段等;同时还可利用地面物探方法探测地质构造,查明具有一定规模的断层、裂隙带的分布情况。

地面物探工作的布置、参数的确定、检查点的数量和重复测量的误差,应符合国家现行有关标准的规定。物探剖面要垂直于地下河、断裂构造及地层走向布设,勘探点间距一般按 20m 控制,在测试对象可能通过的断面内,应加密间距,控制在 10m 内,以便确定钻探井位。

查明基岩埋深及基岩面起伏形态,主要采用电测深法、电剖面法、浅层地震法、地质雷达法、综合测井法等。

判定隐伏断裂的位置、产状,主要采用音频大地电场法、电测深法、电剖面法、静电 α 卡法、磁法、浅层地震法、自然电场法等。

了解地下岩溶发育、含水层埋藏条件、富水性及污染情况,可采用电剖面法、高密度电阻率法、浅层地震法、地质雷达法、激发激化法、音频大地电场法、电导率成像(EH4)法、核磁共振法、自然电场法、无线电波透视法等地球物理探测技术方法。

各种物探方法工作精度可参照相关规程及专题研究需要而确定。

### 3.2.2.4 水文地质钻探

该方法主要用于重点区调查和专题研究。钻孔设置要求目的明确,尽量一孔多用,如水样或岩(土)样采取、试验等,项目结束后应留作监测孔。

在埋藏型岩溶区要充分收集和利用矿床水文地质勘察中的各类钻孔资料，以便分析含水层结构及各含水层间的补排关系。

#### 3.2.2.5　水文地质试验

为获取防污性能评价模型所需的水文地质参数进行注水、抽水/压水、渗水试验。

一般宜采用多孔稳定流抽水试验。当揭露地下河时，采用试验性开采抽水。抽水试验技术要求按《供水水文地质勘察规范》（GB 50027—2001）执行。

压水试验需在不同井段开展，以获取同一含水层不同深度（即不同岩溶发育带）内的基岩透水率。压水试验参照《水电水利工程钻孔压水试验规程》（DL/T 5331—2005），按三个压力五个阶段进行。

渗水试验可选择在不同类型土壤区开展。渗水试验技术要求按《供水水文地质勘察规范》（GB 50027—2001）执行。

#### 3.2.2.6　环境同位素与示踪试验

1）环境同位素技术

应用氢、氧稳定同位素分析地下水形成过程，用氧、碳、氯碳化合物测定地下水年龄。

用氧、碳、硫、氮等稳定同位素识别污染源，并研究污染物迁移转化过程，分析各类水体之间的水力联系等。

2）示踪试验

在覆盖型和裸露型岩溶区可利用天然流场开展示踪试验，埋藏型岩溶区可通过制造人工流场进行示踪试验。示踪试验应根据水文地质条件，选用不同的示踪剂和不同的投放、接收方式及监测频率。通过定量示踪试验，可以了解地下水运动方向、计算流速和流量、分析污染物运移途径、获取弥散系数等参数。

还可利用天然化学场、温度场及雨水、河水的不同水化学成分（包括污染物质）及地下河的不同物种，作为天然示踪剂，获取相关参数。

在岩溶地下水可能有多个流向的情况下，宜用多元示踪方法；不建议采用单点示踪方法开展地下水运移速度的计算。

#### 3.2.2.7　岩溶水污染动态监测

岩溶水污染动态监测分为人工监测和自动监测两类，一般以人工监测为主，辅以自动监测。岩溶水污染动态监测方法、监测项目等可参照《区域地下水污染调查评价规范》（DZ/T 0288—2015）相关要求。

1）岩溶水污染动态监测点布设要求

（1）在岩溶地下河管道欠发育区（如岩溶平原区、北方裂隙网络型岩溶区），地下水污染监测点的布置遵循在地下水系统范围之内，以岩溶水系统为单元，沿地下水主径流场方向，按补给区、径流区到排泄区的顺序，采用网格布点法，平行和垂直于地下水主径流场方向布设监测线；网格密度上游稀下游密、中心城区稀郊区密，且在岩溶地面塌陷区、重大或潜在的污染源分布区适当加密。

（2）在岩溶地下河管道发育区（如峰丛岩溶区），以地下河系统结构（包括地下河主管道和支管道）为骨干，以水源地、污染源和环境敏感区为重点，充分利用天然岩溶地质点（落水洞、天窗等）和天然水点（地下河入口和出口、泉口），按从地下水系统边界线、补给区、径流区到排泄区的顺序，根据地下河管道长度，在地下河管道（或主径流带）上布设监测点，原则上每条支流不得少于 1 个监测点，主管道上不得少于 3 个监测点；距地下河主径流带有一定距离的重大或潜在的污染源分布区，需根据其对地下河的污染程度，在污染源下游方向布设 1～3 个监测点。地下水监测网按地下河系统径流网（由主管道与支管道组成）形状和规模布设。

（3）地下水位下降的漏斗区，主要形成开采漏斗附近的侧向污染扩散，应在漏斗中心布设监测点，必要时可穿过漏斗中心按"十"字形或放射状向外围布设监测线。

（4）城郊污灌区和缺乏卫生设施的居民区，生活污水易对周围环境造成大面积垂直的块状污染，应以平行和垂直于地下水流向的方式布设监测点。

（5）对于单独水系统的调查，地下水监测点的布设可根据流域大小及流域特征确定。小流域一般选择在总排泄口建设 1 个标准化的自动监测站；对于面积超过 50km$^2$ 或具有多级排泄现象的岩溶水系统，则根据实际情况增加监测点。

2）地下水污染监测频率

原则上，对一般调查区，人工监测只在平水期监测一次；在重点调查区，则需在丰水期和枯水期各监测一次。

在地下河型岩溶区，还需根据各地区的降雨特征（如雨强、降雨时段长度），分雨前、雨中、雨后三个时段进行系列监测，每个水文年不少于一个周期。

背景值监测井和区域性控制的孔隙/承压水井每年枯水期监测一次。

为反映地表水与地下水的水力联系，地表水监测频次与时间尽可能与地下水同步。

3）地下水污染监测项目

除应包括地下水污染调查确定的污染指标外，还应根据实际情况对可能污染的指标进行监测。特殊地下水污染组分的监测根据实际情况确定。

自动监测指标主要包括：pH、水温、水位（可通过水位变化估算地下河流量）、DO、电导率等；在有条件的情况下，可同时监测浊度、$NH_4^+$、$NO_3^-$、$Cl^-$ 等特征污染物指标。

### 3.2.2.8 样品采集

关于样品采集方法，样品保存与送检，现场重复样、空白样、加标样质量控制，样品分析测试与质量控制等技术要求，参照《区域地下水污染调查评价规范》（DZ/T 0288—2015）执行；但同时也需要根据岩溶区的特殊性进行布点采样。

在地下河欠发育的岩溶区，对于一般调查区，地下水采样点密度按 2～3 个/100km² 确定；对于重点调查区，在中心城区地下水采样点密度按 5～10 个/100km²、近郊区按 15～20 个/100km² 确定；水源地和污染源区等区域按近郊区密度 10%～20%的比例增加，且均不得少于 3 个。

在地下河发育的岩溶区，以地下河系统为单元，按地下河系统径流网（由主管道与支管道组成）形状和规模布设采样点，原则上每条支管道上不得少于 2 个采样点，主管道上不得少于 3 个采样点。在主管道与支管道间的补给—径流区，适当布设采样点，密度按 2～3 个/100km² 确定，在重大或潜在的污染源分布区，应在洪水期间加密取样。

在采集水样过程中，需要开展现场测试工作，测试指标包括 pH、ORP、水温、气温、水位/流量、DO、浊度、电导率、$Ca^{2+}$、$HCO_3^-$ 等。

### 3.2.2.9 岩溶水环境质量与污染现状评估

对于岩溶水环境质量评估，根据评价目的与要求，分别以《地下水质量标准》（GB/T 14848—2017）、《生活饮用水卫生标准》（GB 5749—2006）等作为评估标准，直接评估岩溶水环境质量。评估方法在相关标准中均有详细说明。

岩溶水污染现状评估是反映地下水受人类活动影响的污染程度，以地下水对照值为评估基准。评估方法详见《地下水质量标准》（GB/T 14848—2017）。

### 3.2.2.10 岩溶水系统防污性能评估

岩溶水系统防污性能评估应以天然防污性能评估为主，根据岩溶区的特点和评估尺度建立相应的指标体系，突出主要因素。

在裸露型和裸露—覆盖型岩溶区优先推荐采用 PLEIK 模型开展岩溶水系统防污性能评估；对于第四系覆盖层厚度较大的岩溶盆地区推荐 DRASTIC 模型；对于北方以埋藏型为主的岩溶区，建议采用线性内插法开展评估。不同的调查研究区可根据自然地理特征及水文地质特征对评估指标进行调整，通过改进模型指标体系，开展岩溶水系统防污性能评估。

### 3.2.2.11 岩溶水系统污染防治区划

岩溶水系统污染防治区划总体上参照《区域地下水污染调查评价规范》

（DZ/T 0288—2015）开展。根据地下水污染风险评估分区叠加地下水污染现状分区结果，采用矩阵法进行地下水污染防治区划评估，并结合地下水水源保护区的范围初步确定地下水污染防治区划结果；以行政区划最终确定地下水污染防治的治理区、防控区和保护区的范围。

对岩溶区水源地保护区的划分，需要在污染防治区划基础上，根据不同类型岩溶区，结合岩溶发育程度来定性分析。岩溶区水源地保护区划分不适合采用数学模型进行。

在裸露岩溶区，可将地下水排泄区作为一级保护区，保护区范围以地下河出口或泉点为起点，沿地下河主管道（或主径流带）上溯 1000m；落水洞等污染物极易进入的负地形区亦设置为一级保护区，范围为第一地形分水岭或落水洞周边 200m 水平距离。一级保护区范围以外、距地下河管道（包括主管道和支管道）两侧 200m 以内的区域划分为准保护区。可不设置二级保护区。

在覆盖型岩溶区（岩溶平原区）和浅埋藏型岩溶区，可参考《饮用水水源保护区划分技术规范》（HJ 338—2018）相关规定。对于北方岩溶大泉水源地保护区的划分，建议细分为泉源保护区、水质一级保护区、水质二级保护区和水质准保护区。

需要注意的是，对于岩溶发育的地区，只要存在地表集中、快速的补给，对该岩溶水系统（泉域）内的水源地水质管理，建议参照《地表水环境质量标准》（GB 3838—2002）评估水源地水质，而不能套用《地下水质量标准》（GB/T 14848—2017），否则将出现水质卫生学指标严重超标情况。

# 4

# 岩溶水环境质量调查评估关键技术方法分析

## ○ 4.1　岩溶水系统划分

岩溶水系统是由有水力联系的岩溶地质体及赋存其中的岩溶水构成的有机整体。岩溶水系统是岩溶动力系统的一个子系统，是岩溶系统中最活跃、最积极的地下水流系统，是以水循环为主要形式的物质能量传输系统，也是一个通过水与介质不断相互作用、不断演化的自组织动力系统。岩溶水系统有相对固定的边界和汇流范围及蓄积空间，具有独立的补给、径流、蓄积、排泄途径和统一的水力联系，构成相对独立的水文地质单元。

岩溶水系统具有强大的"三水"转化功能，与地表水系有密切关系，在我国南方岩溶区，很多大型地下河常构成长江、珠江水系的4～6级支流，在北方岩溶区很多岩溶大泉是黄河、海河的2～4级支流的基流量供给源（韩行瑞，2015）。

由于自然环境及地质条件不同，以及岩溶发育特征的差异，岩溶水系统具有各自的结构特征（包括边界条件、蓄水构造、含水介质）、补排特征等，从而形成各具特色的岩溶水系统结构场、水动力场、水化学场。北方的岩溶泉域和南方的地下河流域都是对岩溶水系统的表述。

### 4.1.1　岩溶水系统类型

岩溶水系统可按不同特征进行多层次分类。按岩溶水出露条件，可将岩溶水系统划分为四大类：地下河系统、岩溶泉系统、集中排泄带岩溶地下水系统、分散排泄岩溶地下水系统。

#### 4.1.1.1 地下河系统

由干流及其支流组成且具有统一边界条件和汇水范围的岩溶地下水系统。地下河系统常具紊流运动特征，岩溶水地下通道是地下径流集中的通道，常具有河流的主要特征，动态变化明显受当地大气降水影响。

#### 4.1.1.2 岩溶泉系统

以个体泉的形式出露地表的岩溶地下水系统。岩溶泉系统与地下河系统的主要区别在于系统中地下水没有明显的集中储集和运移通道或空间，地下水仅在近排泄地带相对集中径流与排泄。岩溶泉系统又可根据含水介质和水流特征细分为岩溶裂隙泉和岩溶管道泉。

#### 4.1.1.3 集中排泄带岩溶地下水系统

岩溶地下水以多个岩溶泉或地下河的形式呈带状相对集中排泄，并具有共同的边界条件和汇水范围的岩溶地下水系统。集中排泄带岩溶地下水系统往往含有两个或两个以上的岩溶泉或地下河。集中排泄带岩溶地下水系统最显著的特点是地下水出露点呈带状分布且在一定范围内排泄点相对集中。

#### 4.1.1.4 分散排泄岩溶地下水系统

分散排泄的或无明显排泄口的岩溶地下水系统。其边界条件和汇水范围可能是共同的，也可能是不统一的。分散排泄岩溶地下水系统与岩溶泉系统和集中排泄带岩溶地下水系统主要区别在于地下水呈分散小泉或散流状排泄。在实际划分时，对不要求必须划分的小流量的岩溶泉或地下河可归于此类。

### 4.1.2 岩溶水系统划分方法

完整的岩溶水系统范围不仅包括岩溶地下水资源补给范围，同时也包括与岩溶地下水具密切关系的其他类型地下水、地表水可控汇集区。对岩溶水系统边界的准确划分关系到污染防治工作的准确部署。

#### 4.1.2.1 划分原则

完整性。在区域流域系统划分基础上，根据地质构造对地下水径流、排泄的控制，以及含水岩组的展布情况，进一步按地下河、岩溶大泉流域、储水构造等划分次一级岩溶水系统。打破行政区划对岩溶水系统划分的影响,尽可能保持流域的统分性、组合性与完整性。

综合性。为满足岩溶水资源评价、开发利用、生态环境保护、综合治理、合理配置和科学管理等各类工作的需要,岩溶水系统划分还应考虑自然、气候、地形、地貌、人口、社会经济发展、生态环境等方面的情况。

可操作性。岩溶水系统划分需考虑采用合理的划分方案,并具有可操作性。

层次性。为适应不同层次的岩溶水资源规划、合理调配和科学管理工作需要,便于各级决策部门指导经济社会的发展、生态环境的保护与灾害防治,采取分级进行区划。

### 4.1.2.2 划分方法

一般地,根据地质、地形和地貌条件调查分析并确定岩溶水系统边界。作为重点调查的岩溶水系统,还应采用综合勘查手段确定岩溶水系统的水平和垂向边界,并根据系统出口总流量验证水平边界范围。

根据区域岩溶水的特点及其对水资源评价和开发的需求,对各调查的岩溶流域进行岩溶水系统划分,一般划分到五级,即五级岩溶水系统是1:50000水文地质调查的基本单元。

岩溶水一级流域、二级流域、三级流域按照水利部《全国水资源综合区划导则》进行统一划分。在此基础上,结合地形地貌和控制断面对大江大河干流进行合理分段,按干支流相互关系进行支流水系分区,按照汇流及用水关系对区域进行合理分区,其中行政分区按照土地关系及人口情况适当调整,使其具有一定程度的可比性。

为满足流域层面和区域层面水资源规划、水资源调配和日常管理等工作的要求,在水资源二级流域分区的基础上,按照水系内河流的关系,兼顾地级行政区的完整性,考虑水文站及重要工程的控制作用,按照有利于进行分区水量控制的要求进一步划分,划分三级流域。

在三级流域划分基础上,利用1:250000地形图统一勾绘四级流域,划分四级流域、五级流域。

在区域流域系统划分的基础上,根据地质构造对地下水径流、排泄的控制,进一步按地下河、岩溶大泉流域、分散排泄地下水等划分岩溶地下水系统(基础系统)和岩溶地下河系统、岩溶泉系统及分散排泄岩溶地下水系统等,根据工作需要可在岩溶地下河系统、岩溶泉系统、分散排泄岩溶地下水系统及储水构造系统基础上进一步划分子系统(图4.1)。

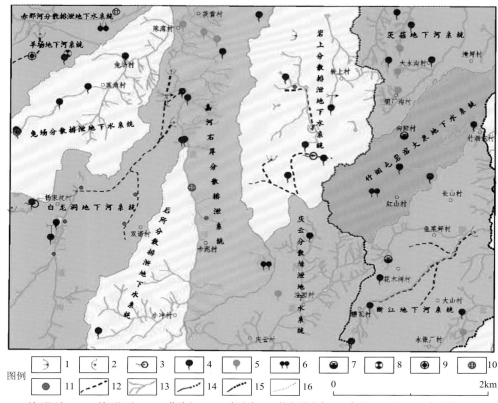

图例
| | | 1 | | | 2 | | | 3 | | ● | 4 | | | 5 | | | 6 | | | 7 | | | 8 | | | 9 | | | 10 |
| | ● | 11 | | | 12 | | | 13 | | | 14 | | | 15 | | | 16 |

0                                              2km

1. 地下河入口；2. 地下河出口；3. 伏流入口；4. 岩溶泉；5. 基岩裂隙泉；6. 泉群；7. 溶潭；8. 充水落水洞；
9. 天窗；10. 机井；11. 钻孔；12. 地下河；13. 地表水系；14. 四级流域界线；
15. 五级流域界线；16. 地下水系统界线

**图 4.1　革香河流域卡泥幅地下水系统划分**

在系统划分过程中，系统边界的水文地质性质除隔水边界、地下分水岭边界外，还采用了以下边界。

（1）地表分水岭边界：一些岩溶水系统内地表河流成为重要岩溶地下水补给源，当这些地表流域范围可控且超出岩溶含水层的分布范围时，将地表流域划入岩溶水系统，将流域分水岭确定为岩溶水系统的地表分水岭边界。

（2）岩溶含水层深埋滞流性边界：一般将碳酸盐岩含水层埋藏深度达到1000m、岩溶地下水循环缓慢的地带，确定为滞流性边界。

（3）潜流边界：相对阻水但仍有一定流量的边界。

（4）推测边界：由于勘探、研究程度较低，对一些不能确定具体位置或不能确定其水文地质性质的边界。

在地下分水岭与地表分水岭一致的情况下，可根据地表分水岭来圈定岩溶水系统的边界；当地下分水岭与地表分水岭不一致时，应根据地质构造、地下水位和水化学指标等综合因素圈定岩溶水系统的边界。

北方岩溶泉域边界较为复杂，需要借助大量的勘探和系统的水位水质监测数据进行系统分析。在地下水集中开采区、煤矿等矿床开采区还需要注意因区域地下水位下降导致的地下水系统边界移动现象。

## 4.1.3　岩溶水系统编码

### 4.1.3.1　编码原则

科学性。依据国家标准及行业标准，按建立现代化水资源信息管理系统的要求，对水资源分区进行科学编码，形成编码体系。

唯一性。水资源分区与其代码一一对应，可保证分区信息存储、交换的一致性和唯一性。

完整性。分区代码既反映各个分区的属性，又反映分区之间的相互关系，具有完整性。

可扩展性。编码结构留有扩展余地，适宜延伸。

### 4.1.3.2　编码对象与编码格式

（1）编码对象。岩溶区地下水系统。

（2）编码采用拉丁字母（I、O、Z 舍弃）和数字的混合编码，共 7 位。

（3）编码定义：WXXYYUV-AA-BB。

W：1 位字母（I、O、Z 舍弃）表示一级岩溶流域分区。

XX：2 位数字表示二级岩溶流域分区的编号，取值 01～99。

YY：2 位数字表示三级岩溶流域分区的编号，取值 01～99。

UV：2 位数字表示四级岩溶流域分区的编号。U 用数字或字母表示，取值 1～9，数码大于 9 以后用字母（I、O、Z 舍弃）顺序编码；V 取值 0 或用字母表示（I、O、Z 舍弃）。如三级流域干流为 10，各支流域分布按 20、30……90、A0、B0……Y0 表示，对于三级流域干流，由上往下按 1A、1B……1Y 顺序编码。

AA：2 位数字表示五级岩溶流域分区的编号，取值 01～99。

BB：2 位数字表示岩溶地下水系统分区的编号，取值 01～99。

例如，珠江流域北盘江水系四级流域革香河流域白龙洞地下河系统编码为 H010220-02-01（表 4.1）。

表 4.1　岩溶水系统编码规则

| W | XX | YY | UV | AA | BB |
|---|---|---|---|---|---|
| 一级流域 | 二级流域 | 三级流域 | 四级流域 | 五级流域 | 地下水系统 |
| 珠江流域 | 南北盘江 | 北盘江 | 革香河 | 嘉河 | 白龙洞地下河系统 |
| H | 01 | 02 | 20 | 02 | 01 |

（4）编码次序。一级流域按照全国由北向南结合顺时针方向编码，岩溶水系统二级、三级、四级及五级分区按照其水系干流先上游后下游、先左岸后右岸顺序编码，岩溶地下河系统、岩溶泉系统、分散排泄岩溶地下水系统及储水构造系统等按照其排泄基准面水系的河流先上游后下游、先左岸后右岸顺序编码。

（5）子系统编码，根据工作需要可进一步划分地下水子系统，子系统在上一级系统基础上在其后添加两位数字表示。

## ◐ 4.2　岩溶水系统结构分析方法

### 4.2.1　岩溶水系统结构特征

岩溶泉系统的结构以岩溶裂隙、溶洞为主，面状补给，无明显的岩溶管道，地下水沿岩石裂隙径流、汇集，最后以泉的形式集中排泄。

地下河系统是由一条主流和数条支流或是无数裂隙脉流汇流组成的具有统一补给、径流、排泄条件的岩溶地下水系统。由于地质条件不同，地下河系统的结构特征存在差异，在平面上，地下河一般呈单管形或树枝形（多管道形）；在剖面上，呈阶梯形或缓坡形，表现为在谷地区地下水流较平缓，水力坡度较小；在斜坡地带，地下水流较急，水力坡度较大。

分散流系统的结构以风化裂隙、构造裂隙、岩溶裂隙及小溶洞为主，面状补给，无明显的岩溶管道，大部分无集中排泄口，多以下降泉或散流的形式直接或间接排出地表（赵琰和潘勇邦，2017）。

岩溶水系统内各种介质及其组合特征是多种因素（含多种差异性溶蚀）综合作用的结果，其空间形态组合多种多样，概括起来有如下三个特点。

#### 4.2.1.1　岩溶管道形态组合的复杂多变性

岩溶缝洞系统空间大小形态及组合复杂多变，在空间展布上呈现出高度的有序结构，主要表现在以下四个方面。

（1）管道断面几何形态的变化。管道继面几何形态按极端态可分为类圆型（含大量的椭圆形）与裂缝—峡谷型两大类。管道断面的几何形态由这两大类型组合而成（图 4.2），其上下断面的面积比往往超过两个数量级（数百倍以上）。

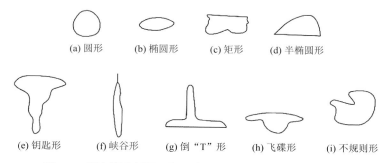

(a) 圆形　　(b) 椭圆形　　(c) 矩形　　(d) 半椭圆形

(e) 钥匙形　(f) 峡谷形　(g) 倒"T"形　(h) 飞碟形　(i) 不规则形

**图 4.2　岩溶管道断面几何形态**（郭纯青和李文兴，2006）

（2）管道连接方式的变化，包括单管直接连接、多管分叉并联与多管交叉相连等多种方式（图 4.3）。

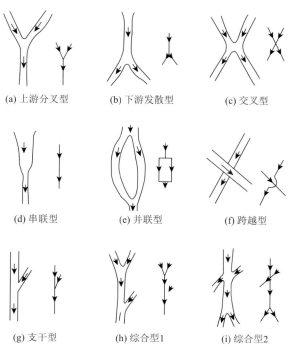

(a) 上游分叉型　　(b) 下游发散型　　(c) 交叉型

(d) 串联型　　(e) 并联型　　(f) 跨越型

(g) 支干型　　(h) 综合型1　　(i) 综合型2

**图 4.3　管道连接方式**（郭纯青和李文兴，2006）

（3）管道在空间上配置的变化，包括垂向管道（主要在补给区）、斜向和水平管道（主要在径流排泄区）、倒虹吸管（主要在排泄区）。

（4）管道宏观展布变化。管道宏观展布总体上可划分为主干管道型（云南南洞岩溶地下河系统）、并存管道型（湖南洛塔岩溶地下河系统，图4.4）、梳妆管道型（广西地苏岩溶地下河系统）、网络或迷宫型（贵州多缤洞和美国猛犸洞）以及多层叠置型等。

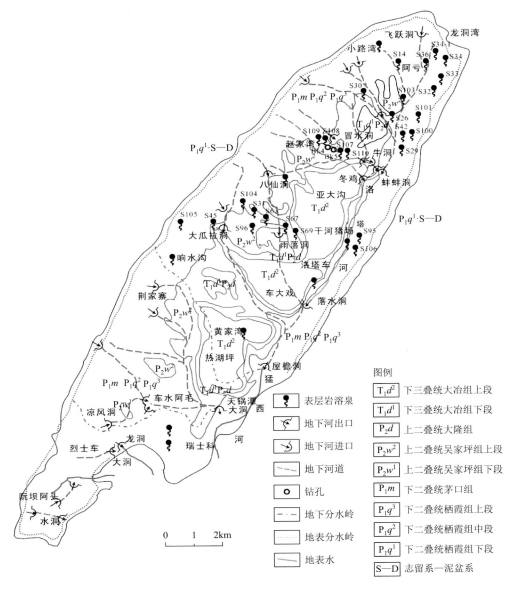

图例

| | |
|---|---|
| T₁d² 下三叠统大冶组上段 | |

| 符号 | 说明 |
|---|---|
| | 表层岩溶泉 |
| | 地下河出口 |
| | 地下河进口 |
| | 地下河道 |
| ○ | 钻孔 |
| | 地下分水岭 |
| | 地表分水岭 |
| | 地表水 |

图例
- $T_1d^2$ 下三叠统大冶组上段
- $T_1d^1$ 下三叠统大冶组下段
- $P_2d$ 上二叠统大隆组
- $P_2w^2$ 上二叠统吴家坪组上段
- $P_2w^1$ 上二叠统吴家坪组下段
- $P_1m$ 下二叠统茅口组
- $P_1q^3$ 下二叠统栖霞组上段
- $P_1q^2$ 下二叠统栖霞组中段
- $P_1q^1$ 下二叠统栖霞组下段
- S—D 志留系—泥盆系

**图4.4 湖南洛塔岩溶地下河系统结构**（朱远峰和梁彬，2002）

对于一些大型的岩溶缝洞系统，往往存在不同类型的管道在不同部位（岩溶地下水系统的补、径、蓄、排区）分别出现，或呈现两种或两种以上不同类型的管道相互组合，它们存在以下四种现象：①同期异层现象——岩溶管道在发育演化过程中，虽处于同一时期，也可能在空间展布上呈多层性；②异期同层现象——不同期发育的岩溶管道，在空间展布上可能处于同一层次；③同质异相现象——同一类型的岩溶管道所处部位不同（针对整个岩溶缝洞系统）；④异质同相现象——不同类型的岩溶管道处于同一部位（针对整个岩溶缝洞系统）。

#### 4.2.1.2　介质空隙空间展布的非均匀性

虽然岩溶管道本身是连通性很好的水/油流"畅排"通道，但作为岩溶缝洞系统所处的系统域范围内，介质空隙空间（空隙度）的展布呈高度的不均匀性和各向异性：沿主管道方向和垂直主管道方向的连通性变化可相差两个数量级或甚至更大。在这种情况下，采用多孔（连续）介质或以多孔介质来等效裂隙介质的概念显然是不适合的。

#### 4.2.1.3　岩溶缝洞系统介质组合的多重性

在以管道为主的岩溶缝洞系统中同时还存在相当数量的溶孔、溶隙等，它们可能单独形成子系统，或以各种方式与主管道组合，构成系统的多重岩溶介质结构（图4.5）。介质的多重性主要表现在各种岩溶形态（孔、隙、缝、管、洞）所占空隙空间的不同比值，以及与主管道的组合方式。

国内外学者已经注意到，直接求出不同介质所占空隙空间的比值很困难，但可以通过各种间接信息（如地表水流量过程的二次分割及泉水流量衰变过程线的半对数分割），区分出来自管道或裂隙的水流，并以此作为研究岩溶多重介质的重要途径。

### 4.2.2　岩溶水系统结构分析方法

#### 4.2.2.1　洞穴探测

对于人能进入的洞穴可通过直接的洞穴测量查明洞穴结构和形态特征。对于洞穴探测，有一整套的技术方法可供参考；最主要的是在探测过程中对洞穴结构、地质与水文地质条件进行合理描述，并绘制洞穴系统结构图。

洞穴调查应配备专用设备，如洞穴服、单绳、矿灯、电光测高仪、橡皮船等；对于洞穴竖井和有潜水的洞穴，需要利用专门的洞穴探险设备进行探测。探测内容包括：洞口位置、标高、洞穴形态规模、化学沉积、洞穴堆积、水流特性、洞

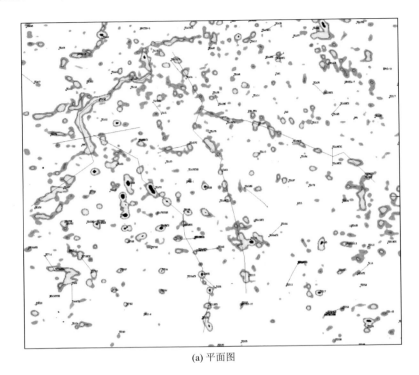

(a) 平面图

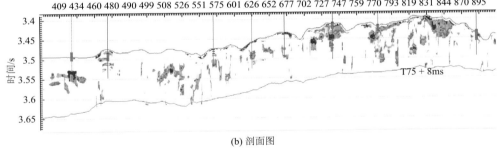

(b) 剖面图

图 4.5 岩溶水系统岩溶缝洞发育分布特征

内气候（温度、湿度）及生物活动、洞穴发育的岩溶地质条件、洞穴开发利用现状等。通过洞穴探测，绘制比例尺为 1∶500 的洞穴平面图，附相应的纵剖面图与典型地段横剖面图。

下面以重庆市万盛区磨子洞为例介绍洞穴探测工作方法。

磨子洞位于重庆市万盛区丛林镇白果村汤家沟，距万盛区约 20km，洞穴所在区域地貌为溶蚀槽谷，海拔 750～1300m，相对高差 100～150m；槽谷呈"U"形底部宽缓平整，第四系覆盖层较厚，主要种植水稻等，洞口位于槽谷北侧，洞口海拔 845m（图 4.6）。

图 4.6 磨子洞洞口

洞穴所在区域属长江流域，处于长江干流蒲河流域，主要汇水区域为洞穴西侧的岩溶槽谷。槽谷底部发育有一处季节性消水洞，调查期间已过丰水期溪沟干涸未见地表水流入该消水洞。洞口段高于槽谷底部 50m 左右，洞口倾斜向下发育，没有明显水流。

区域出露上寒武统后坝组（$\mathcal{C}_3h$）、毛田组（$\mathcal{C}_3m$），下奥陶统桐梓组（$O_1t$）、红花园组（$O_1h$）等地层，岩性主要为灰岩、白云质灰岩、白云岩、灰质白云岩。根据调查，地表及地下岩溶发育强烈，天然出露泉点较多，流量 2～10L/s，发育地下河一处，流量 10～100L/s。区域泉水流量差异较大，多数与地下河水无水力联系。

洞穴发育于上寒武统毛田组（$\mathcal{C}_3m$），岩性为黑褐色中厚层状灰岩，岩层产状倾向 73°，倾角 31°；洞穴走向受岩层走向控制，洞穴的发育方向与岩层走向基本一致，而陡坎或竖井受倾向控制。

实测洞道长度 1221.8m，垂深 57m，洞道宽 2～70m，均高 3～30m；洞口朝向 165°。洞口呈三角形顺走向延伸发育，底边长 14.4m，高 6.1m，洞顶部岩层面平整未见裂隙发育。洞道走向为北西向，进入洞口后洞道整体向下延伸，坡度约 16°，延伸长 50m。洞口处无景观发育，沿水泥过道前行 125m，有泉水出露，流量 0.25L/s，聚集在一直径 1.5m 的溶潭内，水深 0.4m，溶潭下方有边石发育（图 4.7），因长期受泉水溶蚀，表层钙化现象明显。洞道内有电线及残留下的灯饰，人类活动较频繁。前行 88m，有小规模的石柱群发育（图 4.8），高 1.6m，直径 50cm，周边垮塌块石堆积，洞顶部有钟乳石发育，部分被人为破坏。

图 4.7　洞道景观——边石（玉石床）　　图 4.8　洞道景观——石柱（洞口卫士）

　　通过石柱群，有一圆形的厅室发育，直径 45m，厅室的中心为该厅室的最高点，底部倾斜 32°向中心延伸。大厅中心发育有两个擎天柱，大的石柱高约 9m，柱径 2.5m，小的石柱高约 5m，柱径 1.5m。擎天柱东侧还发育 3 个石柱，均高 3m，柱径 0.7m，表层方解石、钙化物成分高，在灯光的照射下，显得挺拔有力。沿石板路前行，发育有一 60m 的水平洞道，洞道宽大宏伟，宽约 30m，高 50m，底部可见地下河遗留的轨迹，目前，这段河道已经干涸，从周边的水蚀痕迹看，在暴雨季节水位抬高 3～5m。水平洞道的尽头为陡坎，底部块石、泥土堆积，疑似洞穴之前开发时遗留下来未被处理的碎石。沿洞壁侧有人工修建的水泥梯，坡度 32°较陡，石阶面湿滑，空气不流通可见灰尘颗粒在空气中飘浮，必须有保护措施才能继续前进。从陡坎的顶部到底部垂直高差约 50m，通过台阶前行 40m 可见地下河出口（图 4.9），河面宽 2～4m，水深 0.3～0.6m（图 4.10），流量约 57L/s，水质

图 4.9　地下河——出口　　　　　图 4.10　地下河——河道

清澈，底部泥沙碎石堆积。根据出口处碎石、泥沙的不规则堆积及碎石的磨圆度，可推测近年该地下河出现过较大的洪水，将新的碎石泥沙带入到地下河床。地下河口南侧发育有裂隙下降泉，流量 0.2L/s，洞底部溶蚀程度高，形成了大小不一的溶蚀颗粒像珍珠一样。

地下河走向 330°与洞穴走向相同，河床宽窄不一，最宽处有几十米，最窄处仅有 5m。沿河道前行，洞道呈规则的拱状水平延伸，河道由于水流的侵蚀开始下降，最深处比原河面低 3m。从侵蚀面可以看出，河床最上部是一层厚约 30cm 的淤泥层，中间为黄褐色的碎石及大颗粒的砾石，下部为细颗粒的河沙与黑灰色的淤泥互层，表层淤泥由于长时期的干燥变得龟裂，形似乌龟壳。洞道顶部发育有钟乳石及穴盾，规模较大，保护完整，部分由于溶蚀情况过于强烈，已从顶部脱落。洞侧发育石笋、边石等岩溶现象（图 4.11、图 4.12）。

图 4.11　洞穴景观——石笋　　　　图 4.12　洞穴景观——边石

在洞穴调查到 1000m 处，发现一条地下河的支流，支沟洞道狭矮，最窄处约 0.5m，最低处约 0.7m，穿过狭口眼前豁然开朗，在支洞末端发育有一圆形大厅，直径 24.8m，高 15.7m，顶部钟乳石、穴盾发育，洞底一石柱发育，高 5m，粗 2m（图 4.13）。该大厅连通地表的落水洞，部分垃圾从大厅上部被冲下，悬挂在洞壁上，站在洞口处，可感觉到轻微的气流。

从支洞退出继续沿主洞道前进，河床变得宽缓，顶部及洞壁岩溶景观发育变少，洞道沿北偏西方向延伸 30m 后，转折 80°继续向北偏西方向发育至 300m 处到达洞穴末端。地下河在洞穴末端形成了一个潜水潭，呈圆形，地下河水流入该潜水潭中（图 4.14）。

洞穴碎屑堆积主要为崩塌块石和部分黏土；块石堆积分布在洞口段、河床沉积处；黏土分布于块石缝隙间和潜水潭底。

次生化学沉积物非常稀少，仅在竖井洞壁上可见壁流石。

图 4.13 支洞景观——将军柱          图 4.14 地下河入潜水潭

洞内空气运动非常微弱，推测之前有虹吸管（潜水塘）。

因为洞口靠近村庄和农田，洪水携带较多垃圾进入洞内，以农药塑料瓶、生活垃圾为主。

该溶洞位于龙骨溪背斜西翼，从整个区域上看溶洞所在区域为大区域的径流区。背斜轴部为地表分水岭，地表水与地下水流向大致相同，由东向西运移，在槽谷处顺落水洞、岩溶洼地流入地下补给地下河。

磨子洞洞道规模较大，景观丰富（图 4.15），但之前根据有关部门的规定，该洞穴不能开发，因此先前开发部门撤出。目前，洞口上游开挖人工水渠，将水引入消水洞，保证农田用水、基本生活用水和建设安全。随着白龙湖水库的修建，该洞穴的开发不利于水库的发展，可能会对水库的水质造成影响，开发价值有限。

### 4.2.2.2 地球物理探测

地球物理探测是定性了解岩溶水系统结构的有效手段之一。由于岩溶发育的极不均匀性，不同的地质条件需要采用不同的探测技术追踪岩溶地下形态（地下河管道、洞穴、溶缝—孔洞密集发育带等）的延伸性及其与地质构造的关系，从定性、定位和定深几个方面来综合确定岩溶水系统的结构特征。

比较有效的岩溶地下形态定位探测方法包括大功率充电法、微动法、高密度联合剖面法、高精度重力法等；定深方法包括高密度对称四极电测深法和可控源音频大地电磁法。但岩溶发育深度不同，所选用的组合探测方法也有较大差异。

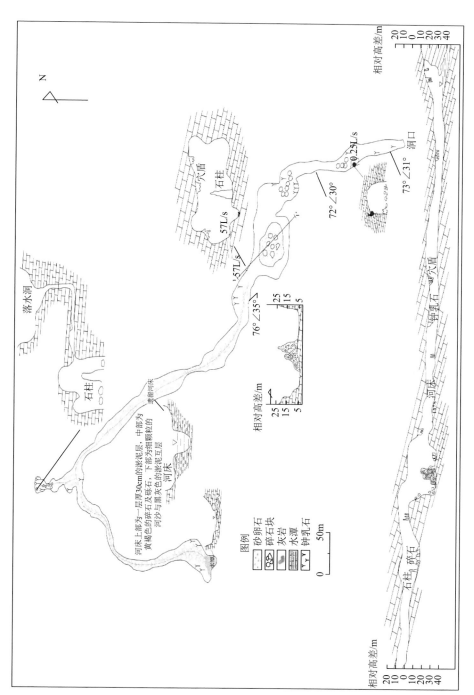

**图 4.15  磨子洞洞穴图**

　　当岩溶发育深度小于 100m 时，推荐采用物探组合方法进行定性、定位：①大功率充电法和高密度对称四极电测深法；②微动法和高密度对称四极电测深法；③高精度重力法和高密度对称四极电测深法。

　　当岩溶发育深度大于 100m、小于 500m 时，推荐以下组合方法：①大功率充电法和可控源音频大地电磁法或音频大地电磁法；②微动法和可控源音频大地电磁法或音频大地电磁法；③高精度重力法和可控源音频大地电磁法或音频大地电磁法。若采用充电法、微动法、高精度重力法、高密度对称四极电测深法（浅部探测）和音频大地电磁法（深部探测）相结合，则效果更佳。

　　分别采用浅层地震法和电磁波 CT 法对桂林市金钟山地下河系统结构进行综合探测（夏日元等，2011），结果表明，岩溶较发育的缝洞介质在浅层地震剖面上表现出"串珠状"强振幅短同相轴反射结构，反射同相轴从杂乱性渐渐变成连续性差的特征（图 4.16～图 4.19）。由于洞内没有充满水，因而没有洞底反射，"串珠状"强振幅主要是由洞顶和地表来回反射的多次波组成。

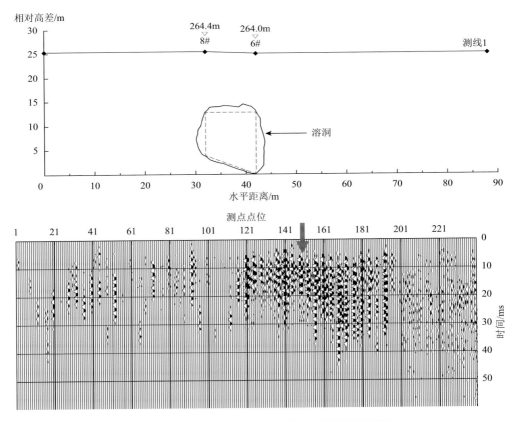

**图 4.16　地震测线 1 上响水洞单点地震反射剖面图**

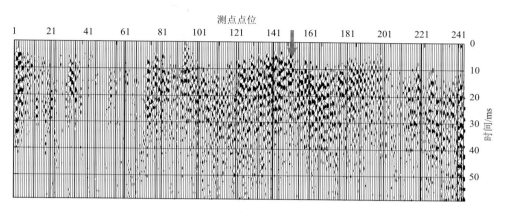

图 4.17　地震测线 1 上响水洞地震反射水平叠加剖面图

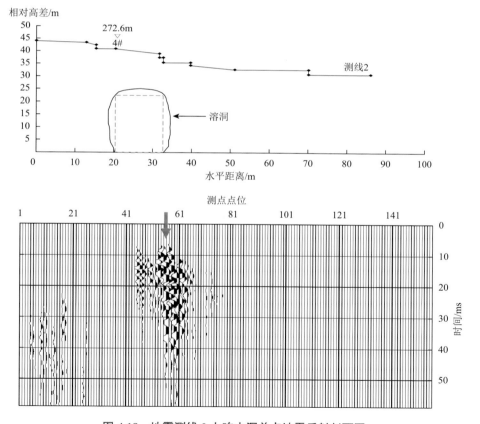

图 4.18　地震测线 2 上响水洞单点地震反射剖面图

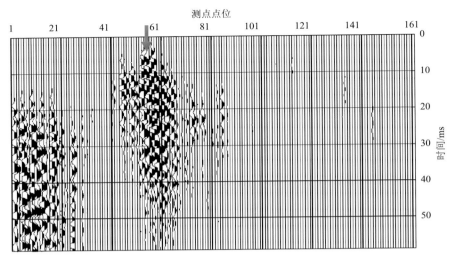

**图 4.19　地震测线 2 上响水洞地震反射水平叠加剖面图**

对电磁波 CT 成像剖面图与实际岩溶剖面对比分析，未充填的溶洞内电磁波视吸收系数表现为比围岩低（图 4.20）；而填充物为水或黏土时，则表现为视吸收系数比围岩高的地球物理响应特征。这是因为当地下洞穴被充填时，电磁波被洞穴充填物（黏土或水）吸收（能量衰减），因而其射线强度减弱，反映为射线强度低值异常，在反演剖面上表现为高视吸收系数；反之，当地下洞穴为空洞时，反映为射线强度高值异常，在反演剖面上表现为低视吸收系数。

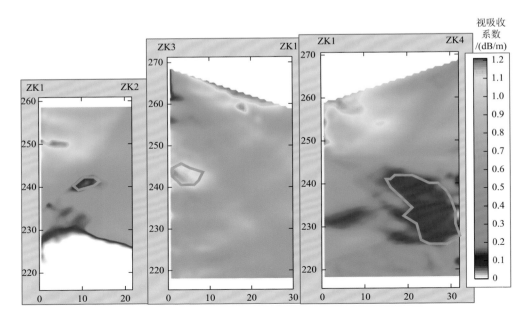

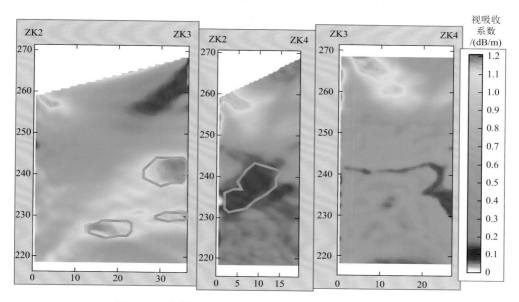

**图 4.20 反演得到的孔间电磁波视吸收系数成像剖面图**

根据电磁波视吸收系数成像结果获得场区地球物理反演参数：含水岩溶发育带的视吸收系数为大于 9.56dB/m，含水裂隙带及溶蚀带的视吸收系数为 8.67～9.56dB/m，完整岩层（灰岩）的视吸收系数为 2.6～6.95dB/m，未充填的溶洞视吸收系数小于 0.87dB/m。

对比已知岩溶空间形态可以看出，基于电磁波视吸收系数推断出的岩溶发育位置对应得比较好，而推断出的溶洞发育的空间形态与已知岩溶空间形态存在一定的差异。

通过室内建模技术，开展岩溶含水层缝洞介质随机模型建模，可建立典型洞穴系统地球物理模型（图 4.21）。

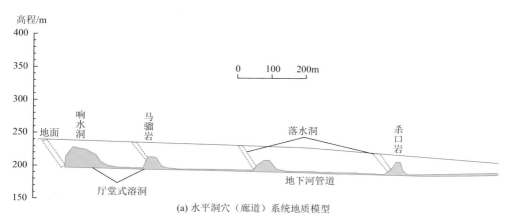

(a) 水平洞穴（廊道）系统地质模型

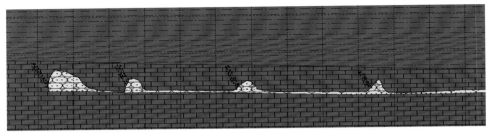

(b) 地震地质模型

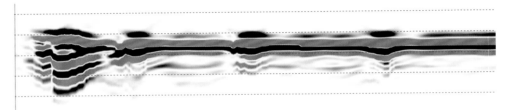

(c) 正演数值模型

**图 4.21    地下河系统地质模型、地震地质模型及正演数值模型**

利用椭圆形自相关函数 $r(x, z)$ 生产随机模型函数：

$$r(x, z) = e^{-(x^2/a^2 + z^2/b^2)^P} \qquad (4.1)$$

式中：$a$、$b$ 分别为 $x$、$z$ 方向的自相关长度，$a$、$b$ 越大，随机模型变化的主尺度越大；$0 < P \leqslant 1$，为模型振幅谱；$P = 1$ 时，可给出随机模型振幅谱的解析表达式，即

$$M(k_x, k_z) = \sqrt{\pi ab} e^{-(a^2 k_x^2 + b^2 k_z^2)/8} \qquad (4.2)$$

式中：$k_x, k_z$ 为 $x$、$z$ 方向的振幅。

在此基础上，通过密度函数可生成岩溶含水层缝洞介质随机模型。其原理是，岩溶含水层缝洞介质的特点是地球物理参数在空间上的突变，如缝洞介质内部的波速和密度要比围岩的波速和密度低得多，因此，可根据波速来建立缝洞介质随机模型。对于缝洞介质，可将速度 $v(i, j)$，$(i = 1, \cdots, N_x; j = 1, \cdots, N_y)$ 分为背景速度 $v_g(i, j)$ 与反映局部异常的速度偏差 $v_l(i, j)$ 之和，即

$$v(i, j) = v_g(i, j) + v_l(i, j) \quad (i = 1, \cdots, N_x; \quad j = 1, \cdots, N_y) \qquad (4.3)$$

$v_g(i, j)$ 可采用二维随机介质模型建模得到：

$$m(x, z) = \text{FT}^{-1}[\sqrt{\text{FT}[r(x, z)} e^{i\theta(k_x, k_z)}] \qquad (4.4)$$

FT 和 $\text{FT}^{-1}$ 分别为傅里叶变换和傅里叶逆变换；$\theta(k_x, k_z)$ 为随机相位谱，通常为二维空间上取值在 $[-\pi, \pi]$ 具有均匀分布的伪随机数。

$v_1(i,j)$可按照下述的随机建模方法给出。缝洞在 $x$、$z$ 方向上的延伸长度分别为 $\lambda_x$、$\lambda_z$，缝洞内部速度偏差 $\Delta v$ 满足 $v_1 \leqslant \Delta v \leqslant v_2$，则可生成 $v_1(i,j)$如下：

$$v_1(i,j) = \begin{cases} 0, & -m_c < m(i,j) < m_c \\ v_1 + (m(i,j) + m_w)(v_c - v_1)/(m_w - m_c), & m(i,j) \leqslant -m_c \\ v_c + (m(i,j) - m_c)(v_2 - v_c)/(m_w - m_c), & m(i,j) \geqslant m_c \end{cases} \quad (4.5)$$

式中：速度均值 $v_c = (v_1 + v_2)/2$；$m_c$ 为分布密度函数 $f(x) = \dfrac{1}{\sqrt{2\pi}\sigma_m} \mathrm{e}^{-\frac{x^2}{2\sigma_m^2}}$ 满足 $\int_{-m_c}^{m_c} f(x)\mathrm{d}x = 1 - \phi$ 时的解，$\phi$ 为介质孔隙度，$\sigma_m$ 为随机模型 $m(x,z)$ 的正态分布极值上限；$m_w = \max(|m(i,j)|)$。

根据地球物理反演参数，利用上述方法可以灵活地生成不同孔隙度与孔洞尺度的缝洞介质随机模型。

### 4.2.2.3 示踪试验分析

示踪技术的应用领域非常广泛，在水文地质工作中的用途也很大。开展岩溶水示踪试验的目的是查明地下岩溶含水介质的结构特征与连通性，利用示踪剂回收率、示踪试验浓度曲线等参数定量分析地下水流速、污染物运移特征等。在许多情况下，示踪剂测试方法为测定某些特殊参数提供了最准确或最实用的途径，甚至成为唯一可靠的调查技术。示踪技术不仅可以用来确定大范围内的地下水特征，而且可以研究小范围内的地下水溶质运移规律。

岩溶水示踪试验技术方法与理论分析，在《实用地下水连通试验方法》（孙恭顺和梅正星，1988）一书中有详细的论述。

下面以湖北宜都古潮音洞地下河系统为例，介绍通过示踪试验分析岩溶水系统结构特征和岩溶水运动参数。

古潮音洞地下河系统位于渔洋河聂家河段左岸，地下河流域面积 25.92km² 左右（图 4.22）。区内地势南西高北东低，地下河发源于南西部百果园一带，长 4.5km 左右。受地层岩性、地质构造和地表水文网的控制，地下水总体上由南西向北东径流，最终以地下河出口的形式在渔洋河切割的河谷左岸排泄（图 4.23）。

该地下河出口位于湖北省宜昌市宜都市聂家河镇聂家河村古潮音洞，地理坐标为北纬 30°17′14.6″，东经 111°17′38.0″，高程 150m。出口位于一冲沟内的陡崖下，冲沟沟向 95°，切割深度 80m 左右，沟头较紧窄，呈"V"形，沟头形成陡崖，沟口平缓加宽，呈"U"形，冲沟沟口处为渔洋河，渔洋河流向 30°，切割形成"V"形岩溶峡谷地貌，两侧坡面坡度在 20°～40°，局部形成陡坎陡崖，坡面植被好，以灌木丛为主。

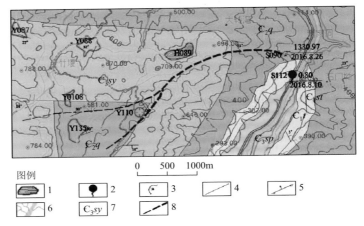

**图 4.22　古潮音洞地下河平面图**

1. 洪涝洼地；2. 岩溶泉；3. 地下河出口；4. 地质界线；5. 逆断层；6. 地表水体；

7. 地层代号；8. 地下河管道；∈₁t 为下寒武统后坝组；∈₁st 为下寒武统石龙洞组；

∈₂q 为中寒武统覃家庙组；∈₃sp 为上寒武统石牌组；∈₃sy 为上寒武统三游洞组

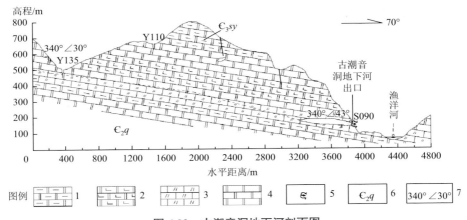

**图 4.23　古潮音洞地下河剖面图**

1. 泥质白云岩；2. 灰质白云岩；3. 白云质灰岩；4. 白云岩；5. 地下河出口；

6. 地层代号；7. 产状

　　该地下河出口出露中寒武统覃家庙组，岩性为灰色、深灰色中厚层状灰岩，夹薄至中厚层状白云岩。构造部位于梁山—肖家隘背斜北翼，地层产状 340°∠43°，主要发育两组裂隙：①110°∠50°，裂面粗糙，可见延伸长度 1～3m，宽 0.1～2cm，少量泥质填充，间距 30～40cm；②186°∠51°，裂面较粗糙，可见延伸长度 1.5～4m，宽 0.1～3cm，少量泥质填充，间距 20～40cm。

　　该地下河出口处呈"门"字形，宽 6m 左右，高 8m 左右，洞口朝向 150°，洞内向 330°方向延伸 5m 左右转向 230°方向，延伸 50m 左右再转向 316°方向，延伸 40m 左右又向 30°方向转折，洞内宽度一般为 3～5m，最宽处达 15m，洞内高度一般为 2～6m，最高处可达 20m。

该地下河出口调查时间为 2016 年 8 月 26 日，调查时水温 16℃，流量为 1330.97L/s。该地下河水量目前较平时偏大，为雨后水量，水浑浊。据调查访问和地下水动态监测，该地下河长年不断流，最枯水量在 20L/s 左右，最丰水量可达 1800L/s 左右。

该地下河出口处建有水闸，用于发电和旅游开发；另有 5～10 户村民将该水作为生活水源。目前该地下河水利用较充分，建议维持现状，但需注意保护水环境。

为了查明古潮音洞地下岩溶管道系统的空间分布，2017 年 9 月 4 日至 9 月 10 日，分别在补给区投放多种不同的示踪剂（表 4.2）。示踪剂的检测仪器采用瑞士 GGUN-FL Fluorometer 野外荧光分光光度计，该仪器可自动连续观测，最低观测间隔为 2min，检测精度达到 1μg/L。仪器布置在古潮音洞地下河出口（观测间隔 10min）。经过历时 1 个多月的试验，各监测点监测的示踪剂浓度曲线如图 4.24、图 4.25 所示。

表 4.2　示踪剂投放时间和地点、示踪剂种类及数量一览表

| 投放地点 | 投放时间 | 示踪剂类型 | 投放量 |
| --- | --- | --- | --- |
| 郊堰坪消水洞 | 2017 年 9 月 4 日 11：30 | 荧光素钠 | 5000g |
| 柏竹坪消水洞 | 2017 年 9 月 10 日 17：00 | 荧光增白剂 | 6700g |

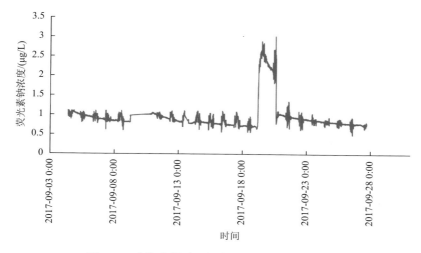

图 4.24　古潮音洞地下河出口荧光素钠监测曲线

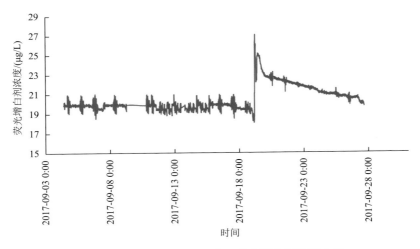

**图 4.25  古潮音洞地下河出口荧光增白剂监测曲线**

在试验期间，在古潮音洞接收点的两种示踪剂中，荧光增白剂和荧光素钠的浓度均出现异常，主要表现如下。

（1）古潮音洞地下河出口的荧光素钠浓度在示踪剂投放约 351h 后出现异常，之后呈上涨趋势，362h 后示踪剂浓度达到峰值，之后示踪剂浓度逐渐衰减至天然背景值。以示踪剂出现时的流速为地下水的最快流速，峰值出现时的流速为平均流速，本次试验投放点距离接收点直线距离约 10902m，由此计算地下水最快流速为 31m/h，主峰平均流速为 30m/h（表 4.3）。

**表 4.3  古潮音洞地下河系统示踪试验特征值**

| 接收地点 | 古潮音洞 | |
| --- | --- | --- |
| 投放地点 | 郊堰坪消水洞 | 柏竹坪消水洞 |
| 投放时间 | 2017 年 9 月 4 日 11:30 | 2017 年 9 月 10 日 17:00 |
| 投放点到接收点距离/m | 10902 | 9402 |
| 投放示踪剂种类，数量/g | 荧光素钠，5000 | 荧光增白剂，6700 |
| 出现示踪异常时间/h | 351 | 202 |
| 出现示踪剂峰值时间/h | 362 | 213 |
| 滞后时间/h | 351 | 202 |
| 最快流速/(m/h) | 31 | 46.5 |
| 主峰平均流速/(m/h) | 30 | 44 |

（2）古潮音洞地下河出口的荧光增白剂浓度在示踪剂投放约 202h 后出现异

常，之后呈上涨趋势，213h 后示踪剂浓度达到峰值，之后示踪剂浓度逐渐衰减至天然背景值。以示踪剂出现时的流速为地下水的最快流速，峰值出现时的流速为平均流速，本次试验投放点距离接收点直线距离约 9402m，由此计算得出地下水最快流速为 46.5m/h，主峰平均流速为 44m/h。

示踪试验结果分析如下。

（1）郊堰坪消水洞投放的荧光素钠及柏竹坪消水洞投放的荧光增白剂在古潮音洞地下河出口均监测到浓度异常，表明郊堰坪消水洞及柏竹坪消水洞的地下水均与古潮音洞地下河出口存在水力联系。

（2）郊堰坪消水洞投放的荧光素钠在古潮音洞地下河出口接收到的浓度–时间曲线呈一个"单峰形"的陡升陡降的形态，此为典型的单管道流场的示踪曲线特征。且依据降雨天气数据及消水洞的补给条件来看示踪剂可能由于缺少后续水源补给，渗入地下的示踪剂或附着在裂隙管道中，或汇集于地下水中弥散、稀释，此时示踪剂仅沿岩溶裂隙、孔隙径流，随着 9 月 18 日强降雨渗入补给，积滞的大量示踪剂随涌入的地下水迅速带出，在曲线上表现出陡增陡降的形态。

（3）柏竹坪消水洞投放的荧光增白剂在古潮音洞地下河出口接收到的浓度–时间曲线呈一个"单峰形"的陡升陡降的形态，但上升支十分迅速而下降支呈缓慢的波动状下降形态，其岩溶管通流场类型为单管道串联地下溶潭。

## 4.2.3　典型岩溶水系统结构分析

以贵州省织金县八步街道杨家寨地下河系统为例详细介绍岩溶水系统结构的分析方法。

杨家寨地下河系统位于贵州省织金县八步街道，岩溶水系统流域面积 19.3km$^2$。系统南侧和北侧出露上二叠统龙潭组（P$_2l$）煤系地层形成隔水边界，西侧为不纯碳酸盐岩弱透水层，地下分水岭与地表分水岭基本一致（局部不一致），东侧为系统排泄区，S071 号地下河出口形成区内地下水最主要的排泄口（图 4.26）。区内地下水主要接受降水补给，地表无常年性河流。

### 4.2.3.1　岩溶发育与分布特征

根据水文地质物探和钻探成果资料，杨家寨地下河系统内主要的岩溶发育段有 7 处（图 4.27）。其中，L2、L3 位于 F2-4、F2-5 断层附近，发育于下三叠统永宁镇组三段（T$_1yn^3$）内；L4、L6 沿洼地走向发育于下三叠统永宁镇组一段（T$_1yn^1$）上部灰岩、泥灰岩中；L7 主管道沿岩石层面发育，延伸至 L5 岩溶发育段，附近发育 2 个泉点；L8 发育于下三叠统永宁镇组（T$_1yn$）内，上部被下三叠统夜郎组三段（T$_1y^3$）泥岩所覆盖。

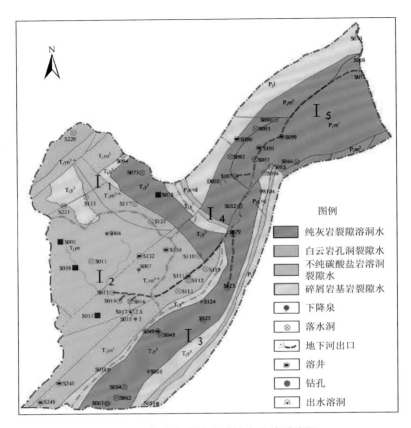

**图 4.26　杨家寨岩溶水系统水文地质略图**

　　调查显示，岩溶发育深度主要集中在 1120～1260m，且在山丘地貌部位岩溶发育深度集中在 1160～1260m，而在洼地中岩溶发育深度则集中在 1120～1220m。其中，L3、L2 岩溶发育段深度为 1120～1230m；L4 岩溶发育段深度为 1140～1260m；L5 岩溶发育段深度为 1120～1260m；L6 岩溶发育段深度为 1160～1260m；L7 岩溶发育段深度为 1160～1200m；L8 为表层异常，发育深度为 1220～1240m，仅浅表发育。

**4.2.3.2　地下河系统结构特征**

根据水文地质特征，杨家寨地下河系统可划分为五个次级单元（图 4.26）。

Ⅰ₁：后坝组岩溶补给区。

该岩溶水次级系统位于田坝村后坝组附近，北侧为调查区边界，东侧出露下

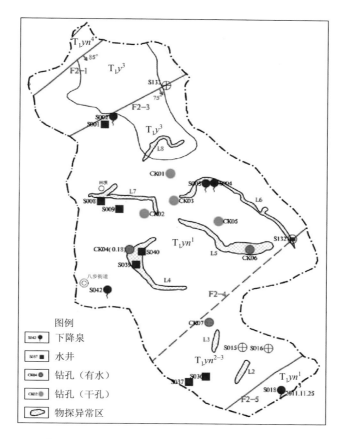

图 4.27 杨家寨地下河系统岩溶强发育段分布图

三叠统夜郎组一段（$T_1y^1$）泥岩形成隔水边界，西侧主要出露不纯碳酸盐岩（泥质灰岩、白云岩、白云质泥岩）弱透水，南侧以夜郎组三段（$T_1y^3$）和永宁镇组一段（$T_1yn^1$）交界处隔水边界以及排泄边界（向地下河主管道排泄）为界；地下分水岭与地表分水岭基本一致。

系统内出露 $T_1y^2$、$T_1y^3$、$T_1yn$ 及中三叠统关岭组一段（$T_2g^1$）地层，其中 $T_1y^3$ 和 $T_2g^1$ 为相对隔水层，$T_1y^2$ 和 $T_1yn$ 为含水岩组。主要发育 3 条断层，北东东向 2 条，北西向 1 条。地表水以坡面产汇流的形式汇集，主要通过 S133 落水洞（高程 1297m）进入地下；地下水径流方向受北西向断层控制，沿 135°方向向主地下河径流。该区共发育常年性岩溶天然泉点 7 个，其中接触性岩溶泉 1 个（S002）。地下水位埋深大。

$I_2$：龙潭组岩溶补给区。

该岩溶水次级系统位于田坝村龙潭组附近，北侧为 $T_1y^3$ 和 $T_1yn^1$ 交界处的隔水边界，南侧为 $T_1y^3$ 泥岩构成的隔水边界，西侧为地表分水岭，东侧为地下河入口落水洞。

受岩性控制，流域范围内地貌以溶丘谷地为主，在系统边界处发育峰丛。系统内主要发育 3 条北东向断层，为区域性断层，构成地下水的强径流带，控制着地下水沿 50° 方向向六冲河河谷处（S071）排泄。北侧 S013 附近处断层将系统划分为 2 个断块，上断块地下水位埋深 0.18m，为 $T_1y^3$ 隔水层所致；下断块地下水位埋藏较深。

系统内降水沿坡面汇流至 2 个沟槽中，经人工渠道向下游 3 个落水洞（S013、S015、S016）汇流。流域范围内共发育 17 个表层岩溶泉，其中，S017、S018 泉水流量分别为 3L/s、4.5L/s，其余流量均小于 0.5L/s。

$I_3$：官寨岩溶补给区。

该岩溶水次级系统位于新化村南侧至官寨乡一带，为杨家寨地下河系统的南侧补给区；东侧和西侧分别为 $P_2l$ 和 $T_1y^3$ 隔水边界，南侧为地表分水岭，北侧为排泄边界。

流域范围内峰丛洼地地貌发育，山顶至洼地底部高差多大于 150m，未见有大型构造发育。受地质构造总体展布影响，地下水流向与地层走向基本一致，即自西南向东北流动。流域范围内共发育表层岩溶泉 14 个，落水洞 14 个，泉水流量均小于 0.5L/s。

$I_4$：新化斜坡径流区。

该岩溶水次级系统位于新化村附近一带，西侧与 $I_1$ 和 $I_2$ 系统相邻，东侧与 $I_5$ 系统相接，北侧为拟建项目区边界，南侧为 $I_3$ 系统；其西北侧为 $P_2l$ 煤系地层形成隔水边界，东北侧和西侧以地表分水岭为界，南侧为 $T_1y^3$ 泥岩构成的隔水边界和地下河主管道排泄边界。

流域范围内西部主要发育峰丛洼地，东部发育斜坡型峰丛沟谷。2 条北东向主断层贯穿区内，控制地下水径流方向。共发育表层岩溶泉 5 处，落水洞 13 个，泉水流量均小于 0.5L/s。

$I_5$：洪家渡深切峡谷排泄区。

该岩溶水次级系统位于新化村至洪家渡村靠近六冲河的深切峡谷地带，北侧为 $P_2l$ 所形成的隔水边界，南侧和西侧为地表分水岭，与 $I_4$ 系统相邻，东侧为六冲河流域排泄边界。

流域范围内峰丛洼地发育，相对高差 150～250m；在六冲河峡谷区，高差达到 350m，高程自 1330m 直接下降到 975m。发育 2 条北东向区域性断层，控制区域地下水流向。共发育岩溶泉/地下河出口 4 处，其中 1 处为表层泉，3 处位于六冲河右岸，且 S071 地下河出口为杨家寨地下河系统内地下水的集中排泄点，流量约 15L/s。

#### 4.2.3.3 地下河与岩溶泉发育特征

杨家寨地下河系统为一双支管道形地下河，地下河出口位于洪家渡村深切河谷中（S071）。地下河系统主要发育于 $T_1yn$ 和下二叠统茅口组一段（$P_1m^1$）灰岩地层中，并受东西向局部褶皱的控制（编号 F2-5）（图 4.28）。在瓜种村白岩脚一带地下河管道主要受到一北东向断层控制；新化村南侧支管道与岩层走向一致，而瓜种村至下游 S071 地下河出口管道与岩层倾向一致。区域性北东向断层控制区内地下水的主径流方向，地下河管道局部沿断层发育。

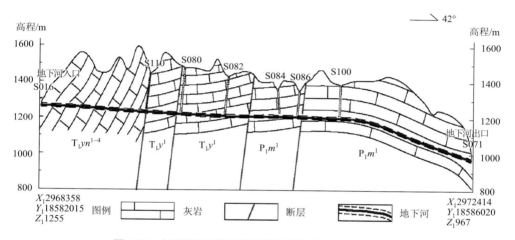

**图 4.28　杨家寨地下河系统横剖面图（沿地下河管道）**

地下河自 S013、S015、S016 三处落水洞流入地下后，于 S071 地下河出口排泄，流入六冲河。地下河管道长 6.3km，总体高差 280m，坡降比 44.4‰；其中，S013 落水洞至 S099 竖井管道长 4.5km，高差 55m，坡降比 8.18‰，坡度较缓，地下水流速较慢，推测地下河管道平均宽度 3~5m，地下河道宽度 2~3m，地下水流速小于 0.2m/s；S099 竖井至地下河出口处距离 1.8km，高差 225m，坡降比达到 125.0‰，地下水线状流动，推测地下河管道宽度 5~8m，但地下水河流量变大，河道宽度 1~2m，地下水流速大于 0.2m/s，局部存在陡坎，可形成地下瀑布，地下水下泄极快。

该地下河系统内发育的 S112、S099、S100、S101 等 4 个竖井（无水）、5 个落水洞和 1 个天窗（图 4.26），其深度均大于 50m，其中 S099、S100 竖井深度大于 150m，而落水洞则高于地下河管道 180m 以上。

系统内共发育天然岩溶水点 17 个，其中出水溶洞 1 个，泉点 7 个（表 4.4；除 S017 出水溶洞和 S018 裂隙下降泉外，其余均为表层岩溶泉）。地下水主要接受大气降水补给，浅表层循环地下水（表层岩溶带水）则在地势相对低洼的坡脚处出露。

**表4.4 杨家寨岩溶水系统内发育的表层岩溶泉**

| 编号 | 地面高程/m | 流量/(L/s) | 备注 |
|------|-----------|-----------|------|
| S002 | 1300.1 | 0.05～0.20 | 下降泉 |
| S004 | 1276.2 | 0.03～0.10 | 下降泉 |
| S005 | 1280.8 | 0.08～0.30 | 下降泉 |
| S006 | 1274.5 | 0.04～0.18 | 下降泉 |
| S007 | 1274.1 | 0.05～0.22 | 下降泉 |
| S017 | 1273.7 | 0.04～0.20 | 下降泉 |
| S018 | 1269.0 | 0.07～0.28 | 下降泉 |

泉水出露点S002：位于西北侧围墙外600m以远，为下降泉，属于岩溶裂隙水，旱季不干枯，流量为0.05～0.20L/s，流量随季节发生变化。该泉水补给来源于其南侧丘包：丘包上的大气降水通过覆盖层中的空隙下渗到基岩，再通过基岩中的裂隙和岩溶管道径流补给泉水。该泉水被百姓用作生活用水。

泉水出露点S004：位于煤水沉清池地段，为下降泉，属于岩溶裂隙水，流量为0.03～0.10L/s，流量随季节发生变化。补给来源于西侧的丘体，大气降水通过覆盖层中的空隙下渗到基岩，再通过基岩中的裂隙和岩溶管道径流补给泉水。

泉水出露点S005、S006、S007、S017、S018：位于西侧围墙外50m以远，均为下降泉，属于岩溶裂隙水，旱季一般均不干枯，流量为0.04～0.30L/s，流量随季节发生变化。泉水补给来源于其东侧丘包，大气降水通过覆盖层中的空隙下渗到基岩，再通过基岩中的裂隙和岩溶管道径流补给泉水。

### 4.2.3.4 示踪试验结果分析

为进一步分析地下河系统主管道外的岩溶发育情况及含水介质结构特征，获取地下水模拟参数，采用钼酸铵作为示踪剂，投放点为CK02钻孔，孔内水位埋深15.6m；接收点为S010，位于CK02西南侧，为地下水下游方向。CK02到S010距离98.37m，高差20.34m。CK02在18～20.5m、51.8～70.7m为岩溶发育段，岩心破碎呈碎块状，含泥。

示踪试验结果表明（图4.29），在CK02和S010之间以宽大的溶蚀裂缝为地下水主要运移通道，不存在大型的地下河管道，系统介质空间以网状岩溶裂隙连通为主，具有多通道。从浓度峰值形状和个数分析，CK02和S010之间至少发育

3 组较大的溶蚀裂缝，其中，一组发育方向为北东向，可直接连通 CK02 和 S010；一组发育方向为北东东向，尽管不能直接将 CK02 和 S010 连通，但溶缝宽度最大；一组发育方向为北西向，只能与前两组溶缝构成网状缝之后才将 CK02 和 S010 连通，且该组溶缝发育宽度较小。

由示踪试验计算出地下水视流速为 94～214m/d，岩石等效渗透率为 $6.40 \times 10^{-3} \mu m^2$。

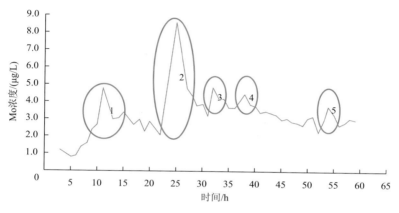

**图 4.29　示踪剂浓度历时曲线**

## ◖◗ 4.3　岩溶水系统防污性能评价方法

地下水系统防污性能评价方法很多，主要有水文地质背景值法、参数系统法、关系分析法、数值模型法等。随着防污性能评价研究的深入，陆续出现了模糊数学综合评价法和过程数值模拟法。将计算机技术引入防污性能评价，形成了基于地理信息系统（geographic information system，GIS）技术的评价方法。目前最常用的迭置指数法属于参数系统法，采用权重-评分的 GIS 方法，并引入了模糊数学，适用于地质、水文地质条件比较复杂的大区域评价，具有低成本、数据易获取、结果表达直观等优点，可以很好地刻画评价目标防污性能分区趋势。

迭置指数法的缺陷是，由于评价指标的分级标准和评分以及脆弱性分级没有统一的规定标准，具有很大的主观随意性，评价结果难以在不同的地区进行比较。

无论采用哪种方法，地下水系统防污性能评价必须在区域水文地质条件、地下水水质和包气带调查等资料分析的基础上进行。

岩溶区地下水污染调查评价属于区域性评价，为方便推广应用，优先推荐使用迭置指数法开展岩溶水系统防污性能评价。根据岩溶区地下水污染调查评价目的，岩溶水系统防污性能评价以天然防污性能评价为主。岩溶水系统防污性能评价除考虑包气带岩性、结构、厚度外，还应考虑岩溶发育程度，尤其是要考虑裸露型岩溶区表层岩溶带的发育特征；兼顾地形、地表水与地下水关系、含水层特征等因素。因此，模型中评价指标体系应根据评价范围、评价区的自然地理背景、地质及水文地质条件、污染途径、人类活动等来选取，同时还要考虑指标体系的可操作性（易获取、可量化）和系统性（代表性强）。建立一套客观、系统、易操作的指标体系是岩溶水系统防污性能评价的关键，评价指标不能过多或过少。指标越多，各指标间的关系就越复杂，容易造成指标之间相互关联或包容；指标过少则难以反映评价区独特的自然地理特征和水文地质特征。

岩溶水系统防污性能评价必须以岩溶水系统为单元，单元级别根据评价目的和范围而定。

我国是岩溶大国，具有岩溶分布范围广、类型多、南北方岩溶差异大等特点，即使在南方岩溶区也存在云贵岩溶高原、桂西岩溶斜坡、川渝鄂岩溶峡（槽）谷等岩溶地貌和岩溶水文地质条件的不同。不同岩溶类型发育条件下，其岩溶地下水系统结构亦十分复杂，单一的评价模型对繁杂多样的岩溶区不具有普适性，应根据不同区域的岩溶发育特点，选择或建立适宜的防污性能评价方法。以下，对适用于我国裸露型岩溶区、覆盖型岩溶区、埋藏型岩溶区等三种类型岩溶区的防污性能评价模型进行逐一介绍。

### 4.3.1 裸露型岩溶区防污性能评价模型

南方裸露型岩溶区，地表覆盖层极薄或缺失，对该区岩溶水系统防污性能起主要作用的因子包括上覆岩层、地表覆盖层、大气降水、岩溶网络发育程度。综合现有的评价方法，对于未开展土地开发利用的裸露型岩溶区建议采用 EPIK 模型（Doerfliger et al.，1999）进行防污性能评价；但对于土地开发利用程度较高的裸露型岩溶区，建议采用 PLEIK 模型（邹胜章等，2014）。

EPIK 模型是专门针对裸露型岩溶区防污性能评价提出的方法，主要参评指标为表层岩溶带发育强度（$E$）、保护性盖层（$P$）、补给类型（$I$）和岩溶网络发育特征（$K$）。

表层岩溶带，是碳酸盐岩裸露型岩溶区独有的岩溶发育层，具有调蓄地下水、截留大气降水等生态功能，其发育程度越高，岩溶水系统防污性能越低。$E$ 因子属性分类见表 4.5。

**表 4.5  表层岩溶带发育强度属性分类表**

| 发育强度 | 参数 | 岩溶形态特征 |
| --- | --- | --- |
| 强烈发育 | $E_1$ | 竖井、落水洞或漏斗，单面山，沿公路、铁路、采石场出露的高度裂隙化露头 |
| 中等发育 | $E_2$ | 呈排发育的漏斗中部，干谷，中等裂隙化露头 |
| 发育微弱或缺失 | $E_3$ | 没有岩溶现象，裂隙密度低 |

保护性盖层是岩溶地层之上土壤、第四系沉积物等非岩溶地层的统称，土壤厚度及其渗透性是评价岩溶水系统防污性能的重要指标。$P$ 因子属性分类见表 4.6。

**表 4.6  保护性盖层属性分类表**

| 保护性盖层 | 保护性盖层保护能力 |
| --- | --- |
| <0.3m 的土层 | 低 |
| 0.3m≤土层厚度≤1.0m，>1.0m 极低渗透性的土层 | 中 |
| >1.2m 低渗透性的土层，>1.5m 中等渗透性的土层 | 高 |

岩溶区补给类型，以大气降水面状补给和落水洞、天窗等岩溶形态的集中补给方式为主。值得注意的是，裸露型岩溶区地表径流易转化为集中入渗水流，通过落水洞、天窗、竖井等直接灌入地下，从而岩溶含水层易污性高。$I$ 因子属性分类见表 4.7，从 $I_1$ 到 $I_4$，地下水防污性能依次增高。

**表 4.7  补给类型属性分类表**

| 补给类型 | 描述 |
| --- | --- |
| 集中入渗 | $I_1$，常年或季节性向落水洞或漏斗聚集的伏流，包括人工排水系统 |
| | $I_2$，$I_1$ 中坡度超过 10°的耕作区和超过 25°的草地的水流（不包括人工排水） |
| | $I_3$，$I_1$ 中坡度<10°的耕作区和<25°的草地的水流（不包括人工排水），以及坡度小于上述向低地汇流的水流 |
| 分散补给 | $I_4$，除上述外的汇水类型 |

岩溶网络发育特征，用于表征含水介质岩溶发育程度。由于岩溶网络发育的不均一性和复杂性，详细的岩溶网络系统分布图较难获得，常通过等水位线、示踪试验等方法来估计岩溶发育情况。$K$ 因子属性分类见表 4.8，岩溶网络发育程度越高，则地下水防污性能越低。

表 4.8　岩溶网络发育特征属性分类表

| 岩溶网络 | 描述 |
|---|---|
| 强烈发育的岩溶网络 $K_1$ | 存在良好的岩溶网络（由分米到米级地下管道组成，连通性极好，很少阻塞） |
| 微弱发育的岩溶网络 $K_2$ | 存在微弱发育的岩溶网络（小型管道，连通较差或被充填，分米级或更小尺寸的空洞） |
| 混合或裂隙含水层 $K_3$ | 孔隙区出露泉水，岩溶不发育，仅存裂隙含水层 |

　　EPIK 模型用 DI 值表示岩溶含水层的防污性能大小，其计算公式为

$$DI = (\alpha E) + (\beta P) + (\gamma I) + (\delta K) \tag{4.6}$$

式中：$\alpha$、$\beta$、$\gamma$、$\delta$ 为各评价因子权值。DI 值越高，表示岩溶水系统防污性能越好。

　　章程（2003）以贵州普定后寨地下河系统为研究对象建立了 REKST 模型，该模型亦适用于裸露型岩溶区。REKST 模型是在充分研究前人模型中各个评价指标的基础之上，结合普定后寨地下河系统水文地质特征，选择岩石层（$R$）、表层岩溶（$E$）或补给（量）（$R$）、岩溶化程度（$K$）或含水层（$A$）、土壤覆盖层（$S$）和地形变化（$T$）作为评价指标建立的（表 4.9）。普定后寨地下河系统属西南岩溶区代表性地下水系统，可借鉴于西南岩溶区其他地域。

表 4.9　REKST 模型评价体系

| 岩石层（$R$） | 表层岩溶（$E$）或补给（量）（$R$） | 岩溶化程度（$K$）或含水层（$A$） | 土壤覆盖层（$S$） | 地形变化（$T$） |
|---|---|---|---|---|
| 岩性，溶蚀强度，岩溶化强度，孔隙率，裂隙率，入渗系数 | 点状补给源，净补给量，平均降雨量 | 岩性，流量衰减系数，极端流量比值，水力坡度 | 厚度，黏土矿物含量，质地，有机物含量，土地覆盖和使用 | 地形坡度 |

　　REKST 模型综合评价指数 RI 值的计算公式如下：

$$RI = iR + jE + kK + lS + mT \tag{4.7}$$

式中：$i$、$j$、$k$、$l$、$m$ 分别为各指标权重。RI 值越大，岩溶水系统防污性能越好，反之越差。

　　根据 RI 值，用似然法划分岩溶水系统防污性能等级，共分为防护性能差、防护性能较差、防护性能中等、防护性能较好和防护性能好 5 个等级。在评价过程中，利用 GIS 技术对各指标图层进行赋值、叠加，最后计算得到防污性能综合指数。

### 4.3.2　覆盖型岩溶区防污性能评价模型

　　在覆盖型岩溶区，局部岩溶裸露，具有裸露型岩溶区特点，且表层岩溶带发育；在松散覆盖层较厚地区，浅层地下水系统具松散含水层特征，且与深部岩溶

水系统间具有明显的水力联系。因此，COP 和 EPIK 两种模型都不能直接应用于覆盖型岩溶区。针对覆盖型岩溶区岩溶发育特征及水文地质条件的特殊性，邹胜章等（2014）在 EPIK、COP 和 DRASTIC 模型的基础上，建立了 PLEIK 模型。该模型突出了 $P$、$L$ 因子，并赋予各因子比 EPIK 模型更丰富的内涵，同时采用多种替代方法来确定各因子量值，充分体现了指标体系的易获取性和可量化原则。该模型主要包括保护性盖层厚度（$P$）、土地类型与利用程度（$L$）、表层岩溶带发育强度（$E$）、补给类型（$I$）和岩溶网络发育程度（$K$）共五个评价指标。

PLEIK 模型即可适用于覆盖型岩溶区，也适用于裸露型岩溶区；因为裸露型岩溶区也存在土地利用问题，尤其是在我国南方岩溶石山区，人们通过培养新的抗旱经济作物后进行了大面积推广种植，这种人类活动是极其剧烈的，对岩溶水系统的防污性能也会产生一定的影响；而 EPIK 模型未考虑到土地利用方式对岩溶水系统防污性能的影响。

戴长华等（2015）曾同时采用 REKST 模型和 PLEIK 模型对湖南湘西大龙洞地下河系统防污性能进行评价，对比评价结果认为 PLEIK 模型则建立了定量或半定量的指标赋值体系和定量的防污性能等级划分体系，评价结果不但具有横向对比性，纵向对比性亦较好。总体而言，PLEIK 模型实用性更强。但认为 PLEIK 模型中的 $L$ 指标未考虑同一土地利用类型在不同区域上的区别，如旱地在洼地与溶丘所产生的不同影响程度，建议将不同岩溶形态纳入 $L$ 指标分级体系内。

### 4.3.2.1　保护性盖层厚度

含水层上部覆盖的松散层通常被认为是影响岩溶水系统防污性能的最重要因素。本指标体系中的保护性盖层是指地下水位以上的覆盖土层（如第四系松散沉积物等土层），也包括地下水位以上的岩溶化地层（如表层岩溶带上部）。在岩溶区，保护性盖层对污染物的拦截作用显著（最具效果的是土层），污染物一旦突破保护性盖层，对地下水的污染将是迅速而严重的。

保护性盖层厚度与水的滞留时间密切相关，是评价岩溶水系统防污性能的重要特征参数；盖层越薄，岩溶水系统的防污性能越低。根据碳酸盐岩上覆地层（土层）存在与否及其导水率可将土层分为两种情况，再按边界范围划分为四类（表 4.10）。

表 4.10　保护性盖层厚度属性分类

| 保护性盖层厚度属性分类 | 特性描述 | |
|---|---|---|
| | 土层直接覆盖于灰岩或高渗透率的碎石上 | 土层覆盖于低渗透率的底层上，如湖积物、黏土等 |
| $P_1$ | 土层厚度 0～20cm | 不超过 1m 的底层上土层厚度 0～20cm |
| $P_2$ | 土层厚度 20～100cm | 不超过 1m 的底层上土层厚度 20～100cm |

| 保护性盖层厚度属性分类 | 特性描述 | |
|---|---|---|
| | 土层直接覆盖于灰岩或高渗透率的碎石上 | 土层覆盖于低渗透率的底层上，如湖积物、黏土等 |
| $P_3$ | 土层厚度 100～150cm | 超过 1m 的底层上土层厚度 100cm 左右 |
| $P_4$ | 土层厚度＞150cm | 低渗透率的底层上覆土层厚度超过 100cm，或者超过 8m 的黏土或淤泥，或者非岩溶岩石地层 |

土层性质，包括结构、构造、有机质、黏土矿物及饱水度和导水率等与物理、化学和生物有关的特殊要素，使土层对大部分污染物具有潜在的降解（或吸附）功能。为此，增加阳离子交换容量（CEC）这一可以体现上覆土层防污性能的指标（一般地，CEC 越大，土层的孔隙度越小，渗透系数也小），与保护性盖层厚度属性共同构成评分矩阵（表 4.11）。

#### 表 4.11　保护性盖层厚度评分矩阵

| 保护性盖层厚度属性分类 | CEC/(meq/100g) | | | |
|---|---|---|---|---|
| | ＜10 | 10～100 | 100～200 | ＞200 |
| $P_1$ | 1 | 3 | 5 | 7 |
| $P_2$ | 2 | 4 | 6 | 8 |
| $P_3$ | 3 | 5 | 7 | 9 |
| $P_4$ | 4 | 6 | 8 | 10 |

保护性盖层厚度和 CEC 的取值，根据评价比例尺不同取值要求有所区别。对于精度≥1∶10000 的评价，因精度高，各参数取值建议采用实测数据；对于精度≤1∶50000 的中小比例尺区域性评价，可以采用收集的以往调查资料或者经验值，但当局部条件发生明显变化时，需要进行实测。数据量要求不少于图上面积每 $25cm^2$ 一个点，尽量采用网格法均匀布点；在地质和水文地质条件发生重大变化的地区需加密布点。

土层之下的保护性盖层的防污性能主要取决于溶蚀缝内充填物性质和充填程度：全充填裂缝，按相应的充填物 CEC 计算；半充填（或无充填）时，污染物可随水流顺利通过，按最低分值 1 计算。

#### 4.3.2.2　土地类型与利用程度

人类活动的不断加剧是导致环境恶化的主要原因之一，而土地利用的变化是人类各种活动的真实写照，快速的城市化不可避免地破坏植被和土壤结构；同时，路面硬化也会使保护性盖层的防污性能下降。因此土地类型与利用程度将人类活动所施加的外界影响植入岩溶水系统防污性能评价中。根据用途不同，土地类型可分为林地、草地、园地、耕地、裸地、村镇及工矿用地等五种，其属性分类详见表4.12。不同类型的土地可代表人类活动的强弱和土地利用程度的高低。

**表4.12　土地类型与利用程度属性分类**

| 土地类型与利用程度属性分类 | | | 评分 | 特性描述 |
|---|---|---|---|---|
| 低<br>↓<br>高 | 林地 | $L_1$ | 10 | 以乔木为主，植被覆盖率大于60%的有林地（不包括幼林） |
| | 草地 | $L_2$ | 8 | 以灌丛、荒草为主的土地（包括幼林） |
| | 园地 | $L_3$ | 6 | 用于种植果树的土地 |
| | 耕地 | $L_4$ | 4 | 用于耕种的土地（包括菜地） |
| | 裸地 | $L_5$ | 2 | 几乎无植被覆盖的土地 |
| 村镇及工矿用地 | | $L_6$ | 1 | 包括居民区、工厂和矿山用地、公路等工程建设用地 |

### 4.3.2.3　表层岩溶带发育强度

表层岩溶带对岩溶水系统具有重要的调蓄功能，作为污染物从地表进入地下的主要途径之一，对地下水防污性能影响巨大。表层岩溶带的发育主要受岩性、岩石结构、构造、地貌、水动力条件、土层及植被覆盖情况等因素影响。表层岩溶带发育强度可以通过两个基本的尺度来度量：垂直相交溶蚀通道在特定尺度内的平均深度和频率（即个数）。溶蚀通道包括岩溶节理、溶蚀裂缝、小溶沟、溶隙、溶管、小溶坑或竖井。表层岩溶带发育强度分级可通过测量很方便地获取（表4.13）。

**表4.13　表层岩溶带发育强度分级**

| 等级 | | 评分 | 划分依据 |
|---|---|---|---|
| $i$—强烈发育的表层岩溶带 | $E_1$ | 1 | 最小溶蚀间距（<0.25m），典型溶蚀深度>2m |
| $h$—高度发育的表层岩溶带 | $E_2$ | 3 | 较近的溶蚀间距（<0.5m），平均溶蚀深度1~2m |
| $m$—中等发育的表层岩溶带 | $E_3$ | 5 | 中等溶蚀间距（<1m），平均溶蚀深度0.5~1.0m |
| $s$—轻度发育的表层岩溶带 | $E_4$ | 7 | 较大的溶蚀间距（>2m），平均溶蚀深度<0.5m |
| $n$—不明显发育的表层岩溶带 | $E_5$ | 9 | 在基岩上观察不到表层岩溶的溶蚀发育 |
| $u$—发育不清楚的表层岩溶带 | $E_6$ | 10 | 表层岩溶带不可见或被厚层沉积物所覆盖 |

对于中小比例尺评价，表层岩溶带发育强度可根据碳酸盐岩岩组类型进行划分（表4.14）。

表4.14　表层岩溶带发育强度按岩组类型赋值

| 类 | 型 | 赋值 | 备注 |
|---|---|---|---|
| 均匀状纯碳酸盐岩类 | 灰岩连续型 | 1 | 无非碳酸盐岩夹层，不纯碳酸盐岩夹层＜10% |
| | 灰岩夹白云岩型 | 3 | |
| | 灰岩-白云岩交互型 | 5 | |
| 间层状不纯碳酸盐岩类 | 断续状不纯碳酸盐岩型 | 7 | 非碳酸盐岩夹层＜15%，不纯碳酸盐岩厚度＞50% |
| | 非碳酸盐岩-不纯碳酸盐岩交互型 | 9 | 非碳酸盐岩厚度＞30%，不纯碳酸盐岩厚度＞50% |

对于非岩溶区，$E$ 因子赋值可根据岩石性质和构造缝发育密度来赋值，对于硬质岩石（如砂岩、砾岩、火成岩等），当构造裂缝发育密度大于 3 条/m、延伸长度大于 1m 时，$E$ 因子可赋值 7；当构造裂缝发育密度小于 0.5 条/m、延伸长度小于 1m 时，$E$ 因子可赋值 9。对于软质岩石（如泥岩、页岩），$E$ 因子赋值为 10。

#### 4.3.2.4　补给类型

补给类型既包括岩溶含水层的补给类型，又包括补给强度。在覆盖型岩溶区，以面状入渗补给为主，同时还存在点状集中入渗补给（裸露区发育的落水洞等）。入渗补给量受降雨强度、土地利用类型及地形坡度的影响。补给类型属性分类见表4.15。

表4.15　补给类型属性分类

| 补给类型 | | 属性描述 |
|---|---|---|
| 集中补给 ↓ 分散补给 | $I_1$ | 落水洞或漏斗周围 500m 区域或伏流两侧各 500m 距离 |
| | $I_2$ | 落水洞或漏斗周围 500～1000m，且向落水洞汇流坡度≥10%的耕作区和坡度≥25%的草地区和伏流两侧 500～1000m |
| | $I_3$ | 落水洞或漏斗周围 500～1000m，且汇流坡度＜10%的耕作区和坡度＜25%的草地区 |
| | $I_4$ | 上述之外的汇水区域 |

对于非岩溶区，补给类型可根据平均地形坡度分别按 $I_3$、$I_4$ 来考虑；对于地形坡度＜10%的耕作区和坡度＜25%的草地区按 $I_3$ 来考虑。

当雨强小于下渗能力时，不产生地面径流。暴雨期，补给强度较大，初期会导致污染物大量而快速地迁移进入目标含水层，但后期则具有较大的稀释效应。鉴于稀释效应与污染物浓度有关，建议在特殊性防污性能评价中予以重点考虑。结合补给类型，地面入渗补给强度对岩溶水系统防污性能的影响详见表4.16。为体现风险评估意义，对于雨强的取值，建议取雨季期间的多年月平均值，不建议采用年平均值。

表 4.16　入渗补给强度分级与评分

| 补给类型 | 雨强特性/(mm/d) | | |
|---|---|---|---|
| | <10 | 10~25 | >25 |
| $I_1$ | 4 | 2 | 1 |
| $I_2$ | 6 | 4 | 3 |
| $I_3$ | 8 | 6 | 5 |
| $I_4$ | 10 | 8 | 7 |

### 4.3.2.5　岩溶网络发育程度

含水层岩溶网络或洞穴系统是由直径或宽度超过 10mm 的溶蚀空间组成的，也是自然条件下产生紊流的最小有效尺寸。空洞在岩溶网络系统中或多或少发育并相互连通，岩溶网络的发育及其结构对水流速度起重要作用，并影响岩溶水系统防污性能。为定量地评价含水层岩溶网络发育特征，建议采用地下水径流模数作为反映含水层岩溶网络发育程度的参数（表 4.17）；地下水径流模数同样适用于非岩溶含水层。

地下水径流模数，亦称"地下径流率"，是 1km² 含水层分布面积上地下水的径流量；表示一个地区以地下径流形式存在的地下水量的大小。年平均地下水径流模数可用式（4.8）求算：

$$M = Q/(86.4F) \tag{4.8}$$

式中：$M$ 为地下水径流模数，$\text{L·s}^{-1}\text{·km}^{-2}$；$F$ 为含水层分布面积，$\text{km}^2$；$Q$ 为地下水天然径流量，$\text{m}^3/\text{d}$。

不同的含水岩组类型岩溶发育程度不同，因此亦可根据岩溶含水岩组类型划分结果简单地确定含水层岩溶网络发育程度（表 4.18）。

表 4.17　岩溶网络发育程度的地下水径流模数分类

| 岩溶网络发育程度类型 | | 评分 | 地下水径流模数/($\text{L·s}^{-1}\text{·km}^{-2}$) | 属性描述 |
|---|---|---|---|---|
| 强烈发育的岩溶网络 | $K_1$ | 1~3 | >15 | 存在良好发育的岩溶网络（由米级的大型管道组成，连通性极好，很少阻塞） |
| 中等发育的岩溶网络 | $K_2$ | 4~5 | 7~15 | 存在中等发育的岩溶网络（由分米到米级的小型管道组成，连通性较好，部分阻塞） |

| 岩溶网络发育程度类型 | 评分 | 地下水径流模数/(L·s⁻¹·km⁻²) | 属性描述 |
|---|---|---|---|
| 弱发育的岩溶网络 $K_3$ | 6~7 | 1~7 | 存在微弱发育的岩溶网络（由分米级或更小尺寸的孔洞组成，连通性差或被充填） |
| 混合和裂隙含水层 $K_4$ | 8~10 | <1 | 孔隙区出露泉水；无岩溶发育，仅存裂隙含水层 |

**表 4.18 岩溶网络发育程度按岩溶含水岩组类型赋值**

| 类 | 型 | 赋值 | 备注 |
|---|---|---|---|
| 均匀状纯碳酸盐岩类 | 灰岩连续型 | 1 | 无非碳酸盐岩夹层，不纯碳酸盐岩夹层<10% |
| | 灰岩夹白云岩型 | 2 | |
| | 灰岩-白云岩交互型 | 3 | |
| | 灰岩-白云岩间隔型 | 4 | |
| 间层状不纯碳酸盐岩类 | 断续状不纯碳酸盐岩型 | 7 | 非碳酸盐岩夹层<15%，不纯碳酸盐岩厚度>50% |
| | 非碳酸盐岩-不纯碳酸盐岩交互型 | 10 | 非碳酸盐岩厚度>30%，不纯碳酸盐岩厚度>50% |

### 4.3.2.6 防污性能评价与分级

为定量评价岩溶水系统防污性能大小，需要对 PLEIK 模型各因子进行数值计算，主要包括权重赋值与指标等级划分两个部分。计算方法见式（4.9）：

$$DI = w_1 \times P_i + w_2 \times L_j + w_3 \times E_k + w_4 \times I_m + w_5 \times K_l \qquad (4.9)$$

式中：DI 为防污性能等级，DI 越低，防污性能越小；$w_1$、$w_2$、$w_3$、$w_4$、$w_5$ 为权重赋值；$P_i$、$L_j$、$E_k$、$I_m$、$K_l$ 为等级分值。

各指标权重赋值可采用层次分析法或模糊综合矩阵法确定。方法如下。

将 5 项评价指标组成指标集：$D = (d_1, d_2, d_3, d_4, d_5)$ =（保护性盖层厚度，土地类型及利用程度，表层岩溶带发育强度，补给类型，岩溶网络发育程度）。

（1）首先研究指标集 $D$ 对重要性的二元比较定性排序。指标集 $D$ 中的元素 $d_k$ 与 $d_l$ 就"重要性"作二元比较，若①$d_k$ 比 $d_l$ 重要，记定性标度 $e_{kl}=1$，$e_{lk}=0$；②若 $d_k$ 与 $d_l$ 同等重要，记 $e_{kl}=0.5$，$e_{lk}=0.5$；③$d_l$ 比 $d_k$ 重要，记 $e_{lk}=1$，$e_{kl}=0$；$k=1, 2, \cdots, 5$；$l=1, 2, \cdots, 5$。

指标集构成如下矩阵（表 4.19）。

**表 4.19 指标集矩阵**

| 参数 | $d_1$ | $d_2$ | $d_3$ | $d_4$ | $d_5$ |
|---|---|---|---|---|---|
| $d_1$ | $e_{11}$ | $e_{12}$ | $e_{13}$ | $e_{14}$ | $e_{15}$ |
| $d_2$ | $e_{21}$ | $e_{22}$ | $e_{23}$ | $e_{24}$ | $e_{25}$ |

续表

| 参数 | $d_1$ | $d_2$ | $d_3$ | $d_4$ | $d_5$ |
|---|---|---|---|---|---|
| $d_3$ | $e_{31}$ | $e_{32}$ | $e_{33}$ | $e_{34}$ | $e_{35}$ |
| $d_4$ | $e_{41}$ | $e_{42}$ | $e_{43}$ | $e_{44}$ | $e_{45}$ |
| $d_5$ | $e_{51}$ | $e_{52}$ | $e_{53}$ | $e_{54}$ | $e_{55}$ |

其中，$e_{kl}$（$k = 1, 2, \cdots, 5$；$l = 1, 2, \cdots, 5$）可取 1，3，5，7，9 及其倒数，其含义为：①若 $d_k$ 与 $d_l$ 一样重要，则记定性标度 $e_{kl} = 1$，$e_{lk} = 1$；②若 $d_k$ 比 $d_l$ 重要一点，则记定性标度 $e_{kl} = 3$，$e_{lk} = 1/3$；③若 $d_k$ 比 $d_l$ 重要（明显重要），则记定性标度 $e_{kl} = 5$，$e_{lk} = 1/5$；④若 $d_k$ 比 $d_l$ 重要得多，则记定性标度 $e_{kl} = 7$，$e_{lk} = 1/7$；⑤若 $d_k$ 比 $d_l$ 极端重要，则记定性标度 $e_{kl} = 9$，$e_{lk} = 1/9$。

（2）采用方根法开展权重计算：①将判断矩阵 $\boldsymbol{E}$ 的元素按行相乘得 $e_i$；②所得的乘积分别开 $n$（本例中 $n = 5$）次方，即 $u_i = \sqrt[n]{e_i}$；③将方根向量正规化，即得所求特征向量 $\boldsymbol{W}_i$：

$$W_i = \frac{u_i}{\sum_{i=1}^{n} u_i} \tag{4.10}$$

得 $\boldsymbol{W} = (\boldsymbol{W}_1, \boldsymbol{W}_2, \boldsymbol{W}_3, \boldsymbol{W}_4, \boldsymbol{W}_5)^{\mathrm{T}}$。④计算判断矩阵最大特征根 $\lambda_{\max}$：

$$\lambda_{\max} = \sum_{i=1}^{n} \frac{(\boldsymbol{EW})_i}{n\boldsymbol{W}_i} \tag{4.11}$$

（3）开展一致性检验。一致性指标 $\mathrm{CI} = (\lambda_{\max} - n)/(n-1)$。将 CI 与平均随机一致性指标 RI 比较，RI 可从表 4.20 查得。当随机一致性比例 $\mathrm{CR} = \mathrm{CI}/\mathrm{RI} \leqslant 0.1$ 时，判断矩阵才有满意的一致性。

**表 4.20 平均随机一致性指标表**

| 阶数 | 1 | 2 | 3 | 4 | 5 | 6 | … |
|---|---|---|---|---|---|---|---|
| RI | 0 | 0 | 0.58 | 0.9 | 1.12 | 1.24 | … |

#### 4.3.2.7 PLEIK 模型取值方法

为更方便使用 PLEIK 模型开展区域岩溶水系统防污性能评价，将模型各因子取值方法详细说明如下。

各因子取值方法，需要根据评价比例尺（评价精度）而定。对于大比例尺（高精度）的取值，大部分需要开展现场调查和测量才能获取；对于 1：250000 大区域评价，可直接从现有资料中获取或采用本地区经验值。下面就 1：250000 区域评价中各因子取值方法进行说明。

1）$P$ 因子

对于保护性盖层厚度，可根据 1：200000 水文地质图中含水岩组类型来确定。裸露型岩溶区全部按 $P_1$ 计算；有第四系覆盖的地区（孔隙含水岩组分布区）根据区域分布厚度，合理给定等级（不能一片给一个平均厚度数据，至少要区分谷地边缘、盆地中心等厚度差异较大的地区）。

对于 CEC，根据区域土壤类型给定经验值。对于坡残积层，按照黏性土给定参数；对于冲洪积层，一定要区分不同类型的土（粉质黏土、黏土、粉土、碎石土、砂卵砾石），对于有几层不同土层的地区，按厚度最大的土层性质给定参数。

2）$L$ 因子

根据最新的土地利用图中的土地利用类型给定参数，可采样 1：200000～1：500000 的土地利用图为底图。

3）$E$ 因子

对于表层岩溶带发育强度（表 4.21），在开展区域评价时，可以直接按 1：200000 水文地质图中的岩组类型划分。

表 4.21　表层岩溶带发育强度等级及其量化指标

| 表层岩溶带发育强度 | 岩组类型 | 岩溶现象 | 岩溶密度/（个/km²） | 最大泉流量/(L/s) | 钻孔岩溶率/% |
|---|---|---|---|---|---|
| 极强 | 厚层块状灰岩及白云质灰岩 | 地表及地下岩溶形态均很发育，地表有大型溶洞，地下有大规模的暗河或河系，以管道水为主 | >15 | >50 | >10 |
| 强烈 | 中厚层灰岩夹白云岩 | 地表有溶洞，落水洞、漏斗、洼地密集，地下有规模较小的暗河，以管道水为主，兼有裂隙水 | 5～15 | 10～50 | 5～10 |
| 中等 | 中薄层灰岩、白云岩与不纯碳酸盐岩或碎屑岩呈互层或夹层 | 地表有小规模的溶洞，较多的落水洞、漏斗，地下发育裂隙状暗河，以裂隙水为主 | 1～5 | 5～10 | 2～5 |
| 微弱 | 不纯碳酸盐岩与碎屑岩呈互层或夹层 | 地表及地下多以溶隙为主，有少数落水洞、漏斗和岩溶泉，发育以裂隙为主的多层含水层 | 0～1 | <5 | <2 |

注：表中岩溶密度、最大泉流量及钻孔岩溶率 3 个指标皆系地区平均值。

4）$I$ 因子

对于裸露型岩溶区，落水洞等点状入渗补给发育的地区，根据洞穴发育密度，

分别按 $I_1$、$I_2$、$I_3$ 来考虑——当落水洞等点状入渗补给地质点（不具备点状入渗功能的洞穴不计算在内）发育密度≥4 个/km² 时，按 $I_1$ 考虑；发育密度<4 个/km² 且≥2 个/km² 时，按 $I_2$ 考虑；发育密度<2 个/km² 时按 $I_3$ 考虑。注意：每个岩溶洼地底部都会发育至少一个消水洞。

对于覆盖型岩溶区，补给类型可根据平均地形坡度分别按 $I_3$、$I_4$ 来考虑；对于地形坡度<10%的耕作区和坡度<25%的草地区按 $I_3$ 来考虑；其余均按 $I_4$ 来考虑。非岩溶区按 $I_4$ 来考虑。

降雨强度，根据多年月平均最大值确定。

5）$K$ 因子

根据 1：200000 水文地质图中的地下水径流模数和调查过程中实测流量所计算出的地下水径流模数作为基准进行评价。

需要说明的是，对于大型地表水体（江河水库等），如果不存在地表水渗漏问题，在成果图上，直接按防污性能最好等级给定；对于有渗漏的地段（尤其是岩溶水库，如河池六甲电站水库、新田水浸窝水库等），应根据渗漏程度，分别给定不同的防污性能等级。

## 4.3.3 埋藏型岩溶区防污性能评价模型

一般地，埋藏型岩溶水系统与上覆各含水层间水力联系较弱，尤其在深埋藏型岩溶区（无地表露头），岩溶水压力水头常高于浅层地下水，具有明显承压性。埋藏型岩溶水系统可能的污染来源是人工开采承压水导致水头下降，从而诱发潜水含水层中的污染物越流进入承压含水层。因此，承压含水层自身属性、弱透水层性质及水头差是影响承压含水层防污性能的主要因素。

据此，可采用专门为岩溶承压含水层设计的 PTHQET 模型（孟宪萌等，2013）进行评价，弱透水层性质及水头差是影响承压含水层防污性能的主要因素。PTHQET 模型选择的影响因子包括：弱透水层垂向渗透系数（$P$）；弱透水层厚度（$T_1$）；潜水与承压水水头差（$H$）；潜水含水层水质现状（$Q$）；承压含水层开采强度（$E$）；承压含水层导水系数（$T_2$）。

PTHQET 模型综合防污性能评价指数为 $u'$，计算公式如下：

$$u' = u_1' + u_2' = \sum_{j=1}^{t} (\omega_j \times r_j) + \sum_{j=t+1}^{n} (\omega_j \times r_j) \tag{4.12}$$

式中：$u_1'$ 为固有防污性能评价指数；$u_2'$ 为扰动防污性能评价指数；$t$ 为固有防污性能评价指数个数；$n$ 为评价指标总数；$\omega_j$ 为各指标权重；$r_j$ 为各指标归一化值。

归一化后的承压含水层综合防污性能评价指数为

$$u = (u' - u'_{\min}) / (u'_{\max} - u'_{\min}) \qquad (4.13)$$

式中： $u'_{\min}$ 为承压含水层综合防污性能评价指数的最小值； $u'_{\max}$ 为承压含水层综合防污性能评价指数的最大值。

对于在补给区有地表露头的浅埋藏型岩溶水系统，如山西盆地型的岩溶泉域，其防污性能主要由露头区防污性能决定。因此，建议采用北方裸露型岩溶水系统防污性能评价方法——COP 模型进行评价（图 4.30）。COP 模型评价指标包括：径流特征（$C$）、覆盖层（$O$）、降雨条件（$P$），如果是水源地防污性能评价则需加入岩溶网络发育程度（$K$）因子。其中 $O$、$C$、$K$ 因子描述的是系统的内部特征，而 $P$ 因子描述的是与系统有关的外部压力。覆盖层（$O$）是指地表与地下水面之间的包气带层，由表土层、底土层、非碳酸盐岩层及非饱和碳酸盐岩层构成，主要起保护作用的是上覆地层的厚度、渗透性以及岩溶化程度和空间分布，很多情况下，降雨以地表径流的方式排走，覆盖层（$O$）成为最主要的因素，但是在岩溶地区，降雨通过落水洞、竖井等方式直接进入含水层，这时径流特征（$C$）因素对地下水脆弱性的贡献就很大；径流特征（$C$）指降雨入渗补给地下水的方式；降雨条件（$P$）考虑了年降水总量、频率、持续时间等，这些特征都影响污染物的入渗类型及入渗量，一般小范围内降水量差别不大，$P$ 因素对地下水脆弱性的贡献就不大；岩溶网络发育程度（$K$）刻画了岩溶管道的水力特征。特殊脆弱性

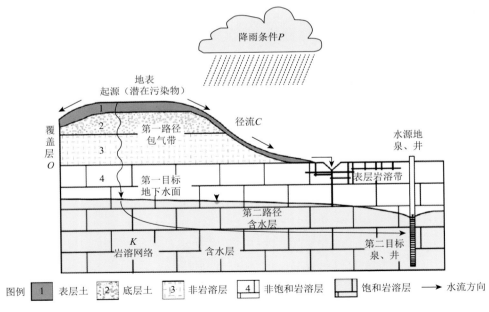

**图 4.30 岩溶含水层 COP 模型概念**

评价在固有脆弱性评价的基础上，还需考虑农药、化肥、碳氢化合物及重金属等污染物对含水层或水源地的污染。

## ● 4.4 岩溶水系统动态监测网优化方法

地下水动态监测是掌握区域地下水环境特征、获取地下水资源评价参数的最有效手段，也是科学管理、决策的主要依据（李吴波等，2015）。地下水监测网密度的大小、监测频率的高低，不仅影响地下水研究工作的精度和质量，还直接决定耗费人力、物力和财力的多少。地下水动态监测网优化的目的是通过调整监测井空间布局和监测井数量，以最少的经济成本获取最有效的数据信息。地下水监测网的优化布局，对地下水资源科学管理、可持续利用和有效保护等方面具有积极的现实意义和实用价值（范宏喜，2015）。

地下水动态监测网优化方法的选择主要取决于最终的监测目标以及可供利用的基础资料。目前主要的优化方法有水文地质分析法（卢海军，2018）、Kriging法（时青等，2014）、聚类分析法（袁连新和余勇，2011）、主成分分析法（梁康和杜利生，2007）、卡尔曼滤波法（van Geer and Zhou，1991；仵彦卿和边农方，2003）、模拟退火算法（Nunes et al.，2004）、信息熵方法（Mogheir et al.，2004a，2004b；陈植华等，2001，2003；陈植华和丁国平，2001）等，各种方法的原理、适用范围及优缺点各不相同，但均以获取大量准确的水文地质参数（或系列监测数据）为前提。水文地质分析法基于基础的水文、地质、气象等因素，对地下水监测布局进行时空分布和变化分析，是最基础的方法。基于水文地质分析的地下水动态类型图分区法（杨雪，2016）和地下水污染风险编图法（林茂等，2018），是近年来的新兴方法，分别用来评定地下水位和水质的监测网密度。近年来，信息熵方法在水文水资源领域的研究和应用有了飞速发展，该方法主要利用站点的监测数据从信息传递的角度入手来进行站网评价和优选。

我国南方岩溶区属于含水介质极度不均匀的地区（罗明明等，2015），水位、水质动态变化快（覃星铭等，2015），水文地质参数分布的随机性大且很难大量、准确地获取（易连兴等，2017）。如何在有限的参数且缺乏系列监测数据条件下，建立合理的岩溶地下水动态监测网络是一个亟待解决的科学难题。一般地，岩溶水系统防污性能差的地区都是岩溶发育区，表现为地表洼地、消水洞、天窗等密集发育，是地下水点状集中灌入式补给区，也是污染物进入地下河系统的主要通道（邹胜章等，2014）。这些点的水位和水质受到外界的影响大，能反映岩溶水系统的动态变化，理论上可作为地下水系统动态监测网的主要组成部分，但如何利用这些天然岩溶水点建设合理的监测网仍需要经过科学的分析。

## 4.4.1 基于防污性能评价的岩溶水系统动态监测网布设方法

通过采用适宜的评价模型对岩溶水系统防污性能进行评价，根据防污性能评价结果，结合水文地质条件，科学开展岩溶水系统动态监测网布设。

以岩溶水系统为单元，根据土地利用情况、含水层敏感性、岩溶水系统防污性能、地下水污染风险等相关因素布设监测网是开展多目标地下水监测的发展趋势（魏明海等，2016）。相比于地下水污染风险编图法的烦琐（郭燕莎等，2011），直接采用岩溶水系统防污性能评价结果布设岩溶水系统动态监测网的方法更为简单，所需要的数据量和其他信息也相对要少，但需要对岩溶水系统的结构及水文地质条件有较高程度的认识。

在南方含水介质结构极不均匀的岩溶地区开展岩溶水系统动态监测网设计时，需要在对复杂的水文地质条件详细分析基础上，以岩溶水系统为单元布设监测站。在缺乏系列监测资料和水文地质参数的地区，可采用岩溶水系统防污性能评价结果，以防污性能差的地区为对象合理布设岩溶水系统动态监测网；监测站点数量需要通过分析地下水补排关系和地下河系统结构确定。为此，需要遵循以下原则。

（1）以岩溶水系统为单元统一布设监测站，监测站须布设在防污性能差的地区，尤其是地下水交替速度较快的地区；如果存在污染源，在污染源下游必须布设监测站；监测站数量应根据监测的目的而定。

（2）对于小流域水资源开发，需要较准确地掌握每一个地下水系统动态变化时，必须在所有枯季平均流量大于系统总流量 5%的子系统内布设监测站，站点密度一般为 $0.1\sim0.2$ 个/km$^2$；但需要注意两点：一是在距离地下河出口较近的岩溶发育区内（即防污性能差的地区）监测站点可由地下河出口替代，二是对于岩溶发育较弱且距离较短的小型支管道上不须布设监测站，可由支管道与主管道交汇处的监测站代替。

（3）对于区域水资源规划，只需要在各个大的岩溶水系统总出口布设一个监测站。

（4）在开展污染场地调查、需要掌握水质变化规律时，监测站点密度就需要根据场地复杂程度确定，建议在所有水动态变化强烈的地区（即防污性能差的地区）布设监测站，且场地及周边 200m 范围作为主要监控区，并在岩溶发育较弱、水动态变化较小的地区设置对照站点。

（5）尽量采用天然水点作为监测点，以减少建设费用；但溶潭等水流动性差的天然水点，不适宜作为监测点使用，因为尽管溶潭水得到了地下水的补给、水位也代表地下水位，但溶潭水易受到用水过程的次生污染，且溶潭水多具承压性，受到地下水压力的顶托作用，溶潭内的污染物只滞留在溶潭内而很难进入地下河内；因此，溶潭水质并不能代表真正的地下水水质。

## 4.4.2  基于信息熵方法的岩溶水系统动态监测网优化

信息熵的概念和计算方法来源于信号通信理论；其主要思想是用概率分布来描述随机变量的不确定性大小，而信息熵理论中的互信息概念可以定量描述多个变量之间信息传递能力的大小（Fred，1974）。Amorocho 和 Esplidora（1973）首次将信息熵概念应用到水文模型中；此后，信息熵在水文与水资源管理中得到了大量应用。地下水监测站点存在数据量大且复杂，数据不确定性等特点，信息熵可以量化监测站点所含信息量，而互信息则能描述站点间的信息传递量，从而能够对监测网进行优化（陈植华，2001）。

应用信息熵开展监测网优化主要是通过对信息熵和互信息的计算和分析来解决信息冗余问题，从而对监测网空间布局进行优化。信息熵 $H(X)$ 是由某个具有系列水位（或水质）观测数据的监测站点，其一系列随机信号所构成（$X_i$，$i = 1, 2, 3, \cdots, n$；$n$ 为数据系列长度）的单变量随机事件 $X$ 的信息量，如果各随机信号发生的概率为 $p(X_i)$，该随机事件的信息熵为

$$H(X) = -\sum_{i=1}^{n} p(X_i) \ln p(X_i) \tag{4.14}$$

式中：$p(X_i)$ 为随机信号 $X_i$（水位或水质变化）发生的概率；$H(X)$ 的单位为奈特（nat）。

运用到地下水监测网的监测站点时，信息熵的物理意义在于：某监测站点具有的系列监测数据即为一随机信号，如果地下水位处于稳定状态，这是一种确定性事件，监测站点数据没有提供新信息，因此其信息熵等于零；如果该点水位（或水质）变化大，数据（随机信号）分布在不同的概率区间，此时监测数据包含有新的信息，监测站点数据变化越大，表明该点水位（或水质）的非确定性越大，信息熵也越大，监测站点也越有价值。因此，可以通过监测站点数据的信息熵大小来评价监测站点提供信息的能力。

各监测站点间互信息呈正态分布时，多随机变量的联合熵可采用式（4.15）来计算（Harmancioglu and Necdet，1992；Ozkul et al.，2000）：

$$H(X) = \frac{m}{2} \ln 2\pi + \frac{1}{2} \ln |c| + \frac{m}{2} \ln(\Delta x) \tag{4.15}$$

式中：$m$ 为变量的个数；$c$ 为多变量协方差矩阵；$\Delta x$ 为多变量分类的间隔大小，即将 $X$ 的取值区间 $n$ 等分后每个小区间的长度，一般要求多变量的 $\Delta x$ 是一个常数。

监测站点信号传递距离代表一个监测站点的数据信息所能代表的范围大小，可以利用互信息-距离模型（*T-D* 模型）来计算（陈颖，2013）。通过计算沿地下水流动方向上监测孔对（两个监测站点组成一个监测孔对）的互信息，以监测孔对距离为 *X* 轴，互信息为 *Y* 轴，绘出水位信号传递量与距离的统计关系曲线，获取信号衰减系数，由此计算出信号传递的距离：

$$L = \frac{\ln(T_0 - T_{\min}) - \ln(\varepsilon)}{K} \tag{4.16}$$

式中：*L* 为监测孔对信息传递距离，m；$T_0$ 为信息传递量初始值，nat；$T_{\min}$ 为监测孔对的信息传递量最小值，nat；*K* 为信息传递量的衰减率，无量纲；$\varepsilon$ 为常数，nat。常数 $\varepsilon$ 对信息传递距离 *L* 有一定影响，$\varepsilon$ 越大，则 *L* 越小。

## 4.4.3 典型地下河系统动态监测网优化设计

以桂林海洋—寨底地下河系统为例，分别运用岩溶水系统防污性能评价结果和信息熵方法对桂林海洋—寨底地下河系统动态监测网布设进行优化。

### 4.4.3.1 研究区概况

桂林海洋—寨底地下河系统位于桂林市海洋山西南麓山区，距离桂林市31km；系统内人口相对稀少，经济不发达。地下河系统汇水面积 33.5km²，其中碎屑岩区面积 2.98km²。区内总体为单斜构造，发育多条 NNE—SSW 走向断层，与地层走向略有斜交；主要地貌类型为峰丛洼地，洼地底部覆盖有溶蚀残积和冲洪积成因的黏性土，厚度为 0.5～20m。系统内含水岩组主要有泥盆系塘家湾组（$D_2t$）、桂林组（$D_3g$）、东村组（$D_3d$）、额头村组（$D_3e$）等，岩性为中厚层纯灰岩，岩溶发育强烈，地下河管道呈树枝状分布，管网发育密度 0.62km/km²。

大气降水是本区地下水主要补给源，主要通过落水洞、地下河或伏流入口集中灌入式补给岩溶水系统；地下水主要赋存于溶蚀管道和溶蚀裂隙为主的含水介质中，并表现出明显的向几条溶蚀管道集中汇流的特点，南部 G047 为整个地下河流域唯一排泄口（图 4.31）。

根据地表水分水岭分布情况，结合区内水文地质条件、地层岩性、地下水示踪试验、钻探等资料，划定了海洋—寨底地下河系统边界；其中，系统东西两侧分别出露中泥盆统信都组（$D_2x$）灰色中薄层泥质粉砂岩、粉砂质泥岩和下石炭统鹿寨组（$C_1l$）灰色—灰黑色中薄层含碳细粉砂质泥岩、碳质页岩，形成隔水边界；北部通过地下河示踪试验验证存在地下季节性移动分水岭；南部为地下河系统总

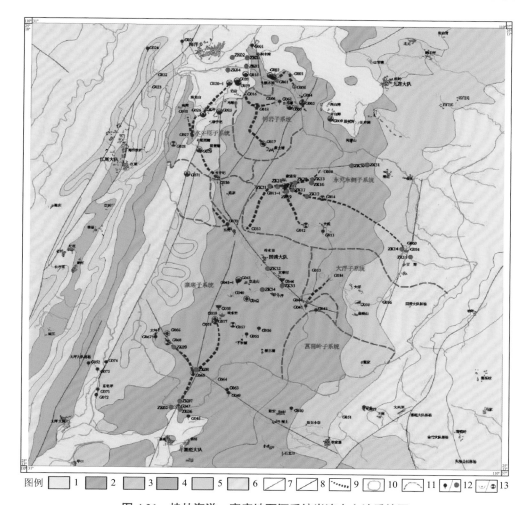

图例 ▢1 ▢2 ▢3 ▢4 ▢5 ▢6 ◿7 ◿8 ┅9 ◯10 ◠11 ◉12 ⬡13

**图 4.31  桂林海洋—寨底地下河系统岩溶水文地质简图**

1. 松散岩孔隙水（富水性弱）；2. 碳酸盐岩岩溶水（富水性强）；3. 碳酸盐岩岩溶水（富水性中等）；4. 不纯碳酸盐岩岩溶水（富水性中等）；5. 不纯碳酸盐岩岩溶水（富水性弱）；6. 基岩裂隙水（富水性弱）；7. 断层；8. 水文地质界线；9. 地下河管道；10. 地下河系统界线；11. 子系统界线；12. 已有监测站；13. 地下河出口/溶潭

出口。按照系统内部补径排关系可进一步分成 7 个子系统（图 4.31）：水牛厄子系统、钓岩子系统、东究西侧子系统、东究东侧子系统、大浮子系统、菖蒲岭子系统、寨底子系统。

为了开展系统的观测与研究，在桂林海洋—寨底地下河系统建立了由 43 个监测站点组成的地下河系统动态监测网，包括 27 个机井和 16 个天然水点（泉、溶潭、天窗、地下河入口和出口）。尽管地下河系统动态监测网空间布局已综合考虑了水文地质条件，但庞大的监测网需要大量的运行经费来支持；在确保获取足够准确的数据信息前提下最大限度地减少监测成本，需对海洋—寨底地下河系统动态监测网进行进一步优化。

4.4.3.2　基于防污性能评价的地下河系统动态监测网设计

采用 PLEIK 模型对桂林海洋—寨底地下河系统防污性能进行评价。结果表明，评价区地下水防污性能总体中等—较差（图 4.32）。防污性能差的区域为伏

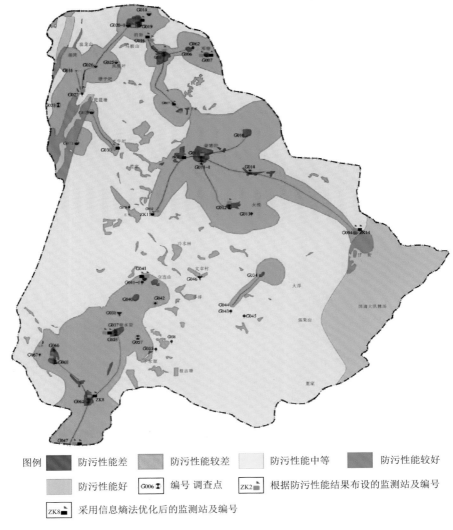

**图 4.32　基于防污性能评价的监测站布设图**

流入口、落水洞、天窗分布区及地下河管道交汇区，主要分布在邓塘、豪猪岩、大浮、大坪、响水岩—寨底一带，面积为 0.34km²，占总面积的 1.03%。防污性能较差的区域为地下河管道沿线及其周围 200～500m 的岩溶发育带，主要分布在钓岩—琵琶塘、琵琶塘—水牛轭、黄土塘—邓塘、甘野—东究、响水岩—寨底地下河分布区，面积为 10.18km²，占总面积的 30.47%。防污性能中等区分布面积最大，主要分布在岩溶中等发育的峰丛区，面积为 19.63km²，占总面积的 58.78%。防污性能较好和防污性能好的为碎屑岩分布区，其中防污性能较好区主要分布在琵琶塘西南和甘野村碎屑岩与碳酸盐岩接触处，面积为 0.56km²，占总面积的 1.68%；防污性能好区主要分布在系统的东南角碎屑岩区，面积为 2.68km²，占总面积的 8.04%。

南方岩溶地下水具有明显的系统分区性，不同的水系（包括子系统）其岩溶发育程度、补径排条件、水质变化等都具有很大的差异。因此，每一个单独的子系统都需要布设监测站点，且地下河出口（或泉）必须作为监测站点。对于个别面积较小、枯季流量小于系统总流量 5% 的子系统可不考虑布设监测站点。对于评价区而言，地下河枯季平均流量约 290L/s（易连兴等，2017），因此，东究西侧子系统、大浮子系统、菖蒲岭子系统等枯季平均流量小于 15L/s 的子系统可不布设监测站点。

根据以上监测站点布设原则，结合防污性能评价结果，以防污性能差的地区为监测站点建设目标区，桂林海洋—寨底地下河系统动态监测网须由 17 个站点组成（图 4.32、表 4.22）。

**表 4.22　各个监测站点的信息熵**

| 野外编号 | 地下水系统名称 | 站点类型 | 信息熵/nat |
|---|---|---|---|
| G027 | 水牛厄子系统 | 下降泉 | 1.168 |
| G030 | 水牛厄子系统 | 地下河出口 | 1.279 |
| ZK4 | 水牛厄子系统 | 钻孔 | 2.005 |
| G015 | 水牛厄子系统 | 溶潭 | 1.649 |
| G019 | 水牛厄子系统 | 溶潭 | 1.302 |
| G007 | 钓岩子系统 | 溶井 | 2.717 |
| G017 | 钓岩子系统 | 落水洞 | 1.214 |
| G016 | 钓岩子系统 | 地下河出口 | 2.325 |
| ZK13 | 东究东侧子系统 | 钻孔 | 2.725 |
| ZK16 | 东究东侧子系统 | 钻孔 | 2.07 |
| ZK17 | 东究东侧子系统 | 钻孔 | 1.602 |
| ZK18 | 东究东侧子系统 | 钻孔 | 1.662 |
| ZK19 | 东究东侧子系统 | 钻孔 | 1.651 |

| 野外编号 | 地下水子系统名称 | 站点类型 | 信息熵/nat |
|---|---|---|---|
| ZK20 | 东宄东侧子系统 | 钻孔 | 1.256 |
| ZK21 | 东宄东侧子系统 | 钻孔 | 2.06 |
| ZK14 | 东宄东侧子系统 | 钻孔 | 1.91 |
| ZK15 | 东宄东侧子系统 | 钻孔 | 1.517 |
| ZK30 | 东宄东侧子系统 | 钻孔 | 2.847 |
| ZK31 | 东宄东侧子系统 | 钻孔 | 2.412 |
| ZK10 | 东宄东侧子系统 | 钻孔 | 1.585 |
| ZK11 | 东宄东侧子系统 | 钻孔 | 1.566 |
| ZK32 | 寨底子系统 | 钻孔 | 3.756 |
| ZK33 | 寨底子系统 | 钻孔 | 3.385 |
| ZK34 | 寨底子系统 | 钻孔 | 2.979 |
| G041 | 寨底子系统 | 溶潭 | 2.679 |
| G042 | 寨底子系统 | 天窗 | 1.765 |
| G037 | 寨底子系统 | 天窗 | 0.978 |
| ZK9 | 寨底子系统 | 钻孔 | 1.499 |
| ZK8 | 寨底子系统 | 钻孔 | 3.083 |
| ZK7 | 寨底子系统 | 钻孔 | 1.433 |

### 4.4.3.3 基于信息熵方法的地下水系统动态监测网优化

桂林海洋—寨底地下河系统内具有连续 1 年水位、水质监测数据的 20 个钻孔与 10 个天然水点为初始网站点，采用信息熵方法对这 30 个站点组成的监测网进行优化（表 4.22）。这 30 个站点均分布在水牛厄子系统、钓岩子系统、东宄东侧子系统和寨底子系统等 4 个较大的岩溶子系统内，因部分天然水点不适合做监测站点，故采用附近钻孔替代。

首先对获取的地下水位监测数据进行预处理，确保长时间序列数据的完整性和有效性。然后采用等间距法开展样本空间划分，再利用式（4.15）计算得到各站点的信息熵（表 4.22）。

以 ZK30 为例具体说明计算过程。首先，选取 ZK30 监测站点 2012 年 12 月 23 日～2013 年 12 月 22 日一周年的水位数据 365 个，求出最大值为 330.737m，最小值为 321.011m；以等间距 0.49m 划分为 20 个概率区间，统计出水位标高位于每个区间的概率，分别为 0.04、0.03、0.09、0.05、0.06、0.06、0.04、0.05、0.02、

0.03、0.03、0.03、0.03、0.03、0.03、0.04、0.13、0.16、0.04、0.03；再利用公式（4.14）计算得出 ZK30 的信息熵为 2.847nat。

得到各站点信息熵后，再计算各监测站点之间的互信息及站点之间的距离。根据桂林海洋—寨底地下河系统径流网（主管道与支管道）的形状和规模，沿着地下河的流动方向，分别对不同地下河子流域，计算出沿地下河流动方向相互之间有联系的监测站点之间的互信息及其距离，结果见表 4.23。以监测孔对距离 $D_{ij}$ 为 $X$ 轴、互信息 $T_{ij}$ 为 $Y$ 轴，可得出水位信号互信息与距离的统计关系（图 4.33）。

表 4.23　主要监测孔对的互信息及距离

| 监测孔对编号 | $D_{ij}$/km | $T_{ij}$/nat |
|---|---|---|
| ZK4—G015 | 2.51 | 2.273 |
| ZK4—G019 | 5.372 | 2.007 |
| G015—G019 | 3.739 | 1.768 |
| G016—G019 | 1.726 | 2.837 |
| G007—G016 | 4.956 | 2.076 |
| G027—G030 | 5.957 | 1.793 |
| G016—G027 | 7.845 | 1.062 |
| G019—G027 | 8.271 | 1.148 |
| G019—G030 | 9.36 | 0.827 |
| G007—G019 | 3.536 | 2.284 |
| ZK30—ZK31 | 1.644 | 2.447 |
| ZK31—ZK13 | 4.319 | 1.872 |
| ZK30—ZK13 | 5.900 | 1.827 |
| ZK13—ZK20 | 2.255 | 2.269 |
| ZK30—ZK20 | 8.085 | 0.913 |
| ZK31—ZK20 | 6.465 | 0.921 |
| ZK30—ZK21 | 11.289 | 0.868 |
| ZK31—ZK21 | 9.669 | 0.933 |
| ZK16—ZK20 | 2.205 | 2.775 |
| ZK13—ZK21 | 5.424 | 1.271 |
| ZK20—ZK21 | 3.204 | 1.728 |
| ZK17—ZK21 | 3.180 | 1.732 |
| ZK17—ZK10 | 7.074 | 1.130 |

续表

| 监测孔对编号 | $D_{ij}$/km | $T_{ij}$/nat |
|---|---|---|
| ZK17—ZK11 | 6.652 | 1.052 |
| ZK16—ZK18 | 4.400 | 1.281 |
| ZK17—ZK18 | 2.251 | 2.094 |
| ZK20—ZK18 | 2.424 | 2.394 |
| ZK21—ZK11 | 5.017 | 1.165 |
| ZK21—ZK10 | 5.606 | 1.301 |
| ZK13—ZK11 | 9.758 | 0.947 |
| ZK13—ZK10 | 9.344 | 1.028 |
| ZK32—ZK33 | 2.487 | 2.307 |
| ZK32—ZK34 | 2.425 | 2.224 |
| ZK33—ZK34 | 2.161 | 2.259 |
| ZK34—G042 | 2.475 | 1.986 |
| ZK32—G042 | 4.575 | 2.073 |
| ZK33—G042 | 4.540 | 1.901 |
| ZK32—G037 | 7.944 | 0.726 |
| ZK33—G037 | 8.093 | 0.851 |
| ZK34—G037 | 6.035 | 0.934 |
| G041—G037 | 4.704 | 1.254 |
| G037—ZK8 | 6.159 | 1.675 |
| ZK9—ZK8 | 3.462 | 1.174 |
| ZK9—ZK7 | 5.837 | 1.359 |
| G037—ZK7 | 10.076 | 0.762 |
| ZK8—ZK7 | 4.002 | 2.379 |

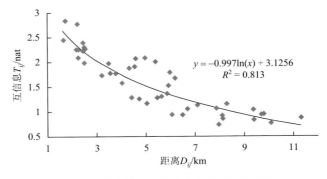

图 4.33　水位信号互信息与距离的统计关系

统计结果显示，在地下河系统内，随着监测孔对距离的增大，它们之间的信号传递衰减呈对数曲线形式，信号衰减率 $K$ 为 0.997，相关系数为 0.813；46 组监测孔对的互信息即信号传递量的平均值为 1.588nat，最大互信息 $T_{max}$ 为 2.837nat，最小互信息 $T_{min}$ 为 0.726nat。信号传递量平均范围为：距离 2km 互信息为 2.50nat，距离 4km 互信息为 1.80nat，距离 6km 互信息为 1.26nat，距离 8km 互信息为 1.05nat，距离 10km 互信息为 0.83nat。

可见，地下河系统内水位信号传递不仅与监测站点之间的空间距离有关，还受到含水层介质特性的影响；含水层介质的非均质各向异性对水位信号的传递会产生明显的影响。

应用 $T$-$D$ 模型对监测站点间互信息 $T_{ij}$ 与距离 $D_{ij}$ 进行拟合，拟合方程为

$$T(D) = 3.303e^{-0.0002905D} + 0.724 \tag{4.17}$$

式中：$T$ 为监测孔对互信息；$D$ 为监测孔对距离。

再根据上述拟合方程、结合式（4.15）确定地下水监测站点的控制范围，常数 $\varepsilon$ 的取值（陈颖，2013）分别为 $10^{-4}$nat、$10^{-3}$nat、$10^{-2}$nat 和 $10^{-1}$nat；不同 $\varepsilon$ 取值时站点最大控制范围见表 4.24。可以看出，随着 $\varepsilon$ 的增大，监测站点的控制范围减小。在评价区域内，即使 $\varepsilon$ 取最大值 $10^{-1}$nat，监测站点的理论控制范围也已超过 10000m，达到 12039m；表明在评价区域存在大量的冗余井，各监测站点控制范围存在大量的重叠区域，它们之间存在较高的信息冗余，需要进行站点约减。

表 4.24　不同 $\varepsilon$ 取值对应的监测站点控制范围

| $T_0$/nat | $T_{min}$/nat | $K$ | $\varepsilon$/nat | $L$/m |
|---|---|---|---|---|
| 4.027 | 0.724 | 0.0002905 | 0.0001 | 35818 |
| 4.027 | 0.724 | 0.0002905 | 0.001 | 27891 |
| 4.027 | 0.724 | 0.0002905 | 0.01 | 19965 |
| 4.027 | 0.724 | 0.0002905 | 0.1 | 12039 |

在比较了不同信息传递标准与监测网的冗余成分后，确定监测站点之间的信息传递量在 1.8nat 以上和在 1.3nat 以上两种标准来分别确定冗余站点。由此可确定评价区内监测站点的空间控制范围分别为≤4km 和≤6km，以这个空间范围作为以某一监测站点为中心的冗余站点搜索范围。对该范围内所有监测站点之间的信息传输量即互信息进行评价比较，进而得出冗余站点剔除方案。

以东究东侧子系统为例详细说明筛选过程。东究东侧子系统以 ZK13 和

ZK21 为中心。ZK13—ZK20、ZK13—ZK31、ZK13—ZK30、ZK30—ZK31 的互信息分别为 2.269nat、1.872nat、1.823nat、2.447nat，均大于 1.8nat，表明有信息冗余；根据信息熵最大及空间位置权衡 ZK13 应选入监测网。监测孔对 ZK21—ZK17、ZK21—ZK20、ZK21—ZK11、ZK21—ZK10 的互信息分别为 1.732nat、1.728nat、1.165nat、1.301nat，监测孔对均小于相应控制范围内的互信息标准；而监测孔对 ZK17—ZK18 和 ZK18—ZK20 的互信息均大于 4km 控制范围的 1.8nat，可知此处可由一监测孔替代，选择信息熵最大的 ZK21 作为优化监测站点。ZK14 与 ZK15 之间互信息为 2.569，大于 1.8，选择信息熵较大的 ZK14。ZK10、ZK11 与 ZK21、ZK19、ZK18 距离均大于 4km，且互信息均小于 1.8，应选信息熵较大且与 ZK21、ZK19、ZK18 之间信息传递量均小于相应控制范围内标准的 ZK11。

由此最终确定了 12 个最优监测站点：G007、G016、G017、G019、G030、G037、G041、ZK8、ZK11、ZK13、ZK14、ZK21，再加上寨底地下河总出口 G047，桂林海洋—寨底地下河系统可由这 13 个监测站点组成最优的地下河系统动态监测网。

### 4.4.3.4  地下河系统动态监测网优化结果对比分析

将两种方法得到的监测站点进行对比分析（表 4.25），除了监测站点数量上的差异外，采用信息熵方法优化后得到的 13 个监测站点与采用防污性能评价结果确定的监测站点在空间上基本重合（G011 与 ZK21 距离近且属于同一片区，可相互替代）；说明根据地下水防污性能评价结果布设地下河系统动态监测网是可行的，但仍需要根据实际的岩溶水文地质条件适当调整监测站点数量。

采用信息熵方法优化后得到的监测站点明显比采用防污性能评价结果确定的监测站点少，主要原因是：①岩溶发育较弱的系统中部（基本上不存在防污性能差的地区）可以不需要设置监测站点（如 G027）；②在距离地下河出口较近的岩溶发育区内（即防污性能差的地区）监测站点可由地下河出口替代（如 G018）；③对于多支管道系统，岩溶发育较弱且距离较短的小型支管道上不需要布设监测站点，可由支管道与主管道交汇处的监测站点代替（如 G066、G010、G012）。

在剔除上述 5 个站点后，两种方法所得到的布设结果完全一致，充分表明以地下水防污性能评价结果布设地下河系统动态监测网是可行的且合理的；这是因为岩溶发育区既是防污性能差的地区，也是地下水动态变化快的地区，能充分反映地下河系统水质水量变化规律。

表 4.25 两种方法所确定的地下河系统动态监测站点对比表

| 地下水子系统名称 | 站点数量 | | 站点名称 | |
|---|---|---|---|---|
| | 防污性能评价法 | 信息熵方法 | 防污性能评价法 | 信息熵方法 |
| 水牛厄子系统 | 3 | 2 | G019、G027、G030 | G019、G030 |
| 钓岩子系统 | 4 | 3 | G007、G017、G018、G016 | G007、G016、G017 |
| 东究东侧子系统 | 5 | 3 | G010、G011、G012、G054、G032 | ZK21（G011）、ZK13（G010、G012）、ZK14（G054）、ZK11（G032） |
| 寨底子系统 | 5 | 4 | G041、G037、G066、G065、G047 | G041、G037、ZK8（G065）、G047 |

注：因溶潭等天然水点不适宜作监测站点，故采用附近钻孔替代。

# 5 典型案例分析

本章选取广西河池市、关岭龙滩口地下河系统、天津蓟州区公乐亭泉域作为岩溶型城市、南方岩溶地下河系统、北方岩溶泉域的典型案例区，从水文地质条件分析、地下水系统划分、地下水防污性能评价、地下水污染风险评估与防治区划等方面进行实例解剖；在此基础上，对南方岩溶区地下水环境质量状况调查技术方法进行总结，并对地下河污染模式及污染模式构建方法进行探讨。

## ● 5.1 河池市地下水环境质量状况调查评估

### 5.1.1 研究区概况

#### 5.1.1.1 自然地理

河池市地处广西西北、云贵高原南麓，是大西南通向沿海港口的重要通道，东连柳州市，南接南宁市，西接百色市，北邻贵州省黔南布依族苗族自治州。研究区总体地势西高东低，金城江区北部和南部高，向金城江区的河流谷地（盆地）逐渐降低，最大高程967m，最小高程160m。区内主要为碳酸盐岩分布区，岩溶较发育，属峰丛谷地、峰丛洼地地貌类型（图5.1）。此外，在研究区北东角的水源镇一带发育小面积的碎屑岩山地，属低山地貌。

研究区以河池市主城区为中心（图5.2），调查面积65km$^2$，其中裸露型岩溶区面积约占86%。研究区在行政上隶属于河池市金城江区，涉及金城江街道、东江镇及六圩镇。

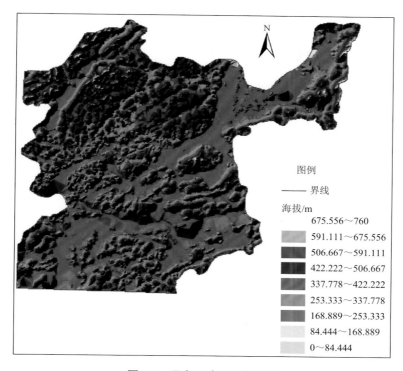

图 5.1  研究区地貌影像特征

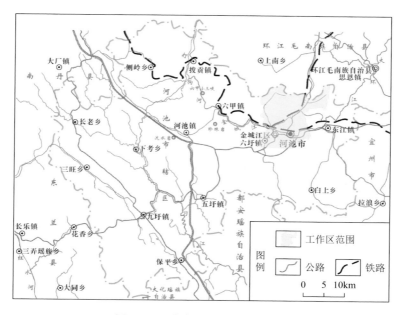

图 5.2  河池市研究区交通位置图

### 5.1.1.2 气象水文

研究区位于云贵高原东南侧，属亚热带季风气候区，气候温和，雨量充沛。夏季高温湿热，暴雨频繁；冬季受北方干冷气流影响，干冷少雨。据金城江站资料统计，多年平均降雨量 1450mm，最大年降雨量 2110.6mm（1968 年），最小年降雨量 984.5mm（2005 年），降雨年内分配很不均匀，4～10 月占全年降雨量的 80%以上；多年平均气温 20.3℃，多年平均蒸发量 1464.3mm，其中，金城江区陆地多年平均蒸发量 1095.6mm。

本区发育的主要河流为龙江及其支流大环江和温平河。龙江干流全长 390km，流域面积 16878km²。龙江自西向东穿过研究区，过境长度约 39.6km。龙江是本区侵蚀和岩溶发育基准面，控制本区的岩溶发育深度。区内还发育龙江的主要支流大环江，其发源于贵州省荔波县，在河池市的东江镇汇入龙江，流经研究区的长度仅 8.8km。大环江最大年平均流量 2.49m³/s，平均水位年变幅 7.54m。

温平河是龙江左岸主要支流，属季节性地表河流。该河发源于原三美公社，经广南、温平、马道向龙江排泄；河流量受降雨的影响巨大，不下雨时一般处于干涸状态或仅上游有少量水流，沿途大部分通过落水洞、天窗进入地下，剩余部分到达马道村附近通过天窗全部进入地下成为地下水。只有连续的中雨以上降雨，地表水流较大，马道地下水无法消泄其流量时，才会沿马道谷地低洼的河道流入龙江。

### 5.1.1.3 区域地质概况

1）地层岩性

研究区出露的地层较多，既有新生代的松散堆积层、中生代的碎屑岩，也有晚古生代的碳酸盐岩和碎屑岩，并以二叠系和石炭系碳酸盐岩分布最广，占研究区的大部分，碎屑岩仅局部出露。地层岩性和分布情况如下。

a. 第四系（Q）松散堆积层

分布于龙江及其支流两岸的河流谷地和岩溶谷地中，主要为冲洪积、坡残积和崩积物，其中，全新统冲洪积层（$Q_h$）为黄红褐色和黄褐色黏土、粉质黏土，以及卵石和砂砾土等。更新统坡残积层（$Q_p$）为砾石层夹黄褐色黏土、粉质黏土，或为黄褐色粉质黏土含砾石。

b. 下三叠统罗楼群（$T_1l$）

灰绿色和灰褐色薄层状页岩、粉砂质页岩，夹泥质细砂岩。

c. 二叠系（P）

包括未细分的上二叠统和上二叠统合山组、下二叠统茅口组及栖霞组。

上二叠统（$P_2$）：上部为灰色灰岩夹硅质岩、泥质岩，下部为灰黑色硅质岩夹生物碎屑灰岩。

上二叠统合山组（$P_2h$）：灰色燧石灰岩夹多层薄煤层和碳质页岩。

下二叠统茅口组（$P_1m$）：灰色致密灰岩、细晶灰岩，底部为燧石条带、团块灰岩夹薄层状泥灰岩。

下二叠统栖霞组（$P_1q$）：灰色致密灰岩、细晶灰岩，中上部夹少量燧石团块灰岩。

d. 石炭系（C）

包括上石炭统马平组、中石炭统、下石炭统大塘阶和岩关阶。

上石炭统马平组（$C_3m$）：浅灰色致密灰岩夹灰色细晶灰岩。

中石炭统（$C_2$）：灰色—浅灰色细晶灰岩和致密灰岩夹白云岩、白云质灰岩。

下石炭统大塘阶（$C_1d$）：灰黑色中厚层状灰岩、白云岩夹硅质岩。根据分布和出露位置的不同，又分别划分为罗城组（$C_1d^3$），岩性为灰黑色中厚层状致密状灰岩、细晶灰岩夹泥质灰岩、白云岩及砂页岩；以及黄金组和寺口组（$C_1d^{1+2}$），其岩性上部为灰黑色灰岩夹页岩、薄层细砂岩及薄煤层，局部夹泥质灰岩或泥灰岩，下部为砂岩、页岩及灰岩、泥灰岩。

下石炭统岩关阶（$C_1y$）：部分地区为页岩、碳质页岩、砂岩和粉质砂岩；部分地区为中厚层灰岩，夹泥质灰岩或页岩。

e. 泥盆系（D）

包括上泥盆统同车江组、榴江组、融县组和中泥盆统东岗岭组。

上泥盆统同车江组（$D_3t$）：薄层—中厚层状硅质页岩。

上泥盆统榴江组（$D_3l$）：中上部为深灰色、灰黑色泥灰岩、钙质页岩、灰岩夹扁豆状灰岩，下部为硅质岩、硅质页岩及粉砂岩；部分区段又将其划分为上下两段，上段（$D_3l^2$）为中厚层状灰岩夹硅质页岩，下段（$D_3l^1$）为含灰岩团块的硅质页岩及硅质岩夹锰土。

上泥盆统融县组（$D_3r$）：灰岩、白云质灰岩、白云岩。

中泥盆统东岗岭组（$D_2d$）：灰色灰岩夹白云岩，以及薄层泥灰岩夹页岩。

2）地质构造

研究区处于宜山"山"字形构造的反射弧西翼，新华夏系构造、北西向构造、东西向构造广泛分布于研究区，它们与宜山"山"字形构造一起组成研究区复杂的、类型繁多的构造形迹和构造体系。

宜山"山"字形构造和新华夏系构造在研究区最发育。宜山"山"字形构造规模大，延伸长，沿 NEE 向延展，主要包括河池断裂、乐作断裂、东江断裂、河池—乐作弧形单斜。新华夏系构造规模大，延伸较长，主要包括龙友断裂（温平断裂）、广南断裂、水源断层、古三断裂、岜房断裂、千坤断裂、下南断裂、下隘断裂、里腊向斜等；新华夏系构造在研究区具有平行、重复出现的特点，有些区域还具有等距性，新华夏系构造对研究区的地下河和岩溶谷地的发育具有控制作用，多数地下河和岩溶谷地沿该方向发育，如马道地下河、加祥地下河、肯冲地下河都受新华夏系构造的控制，发育方向与之相同。

同时，本区还发育有北西向构造和东西向构造，它们多数规模较小，延伸较短，但也有规模较大的，如属东西向构造的龙头断裂，规模巨大，在研究区表现为 EW 向展布。

3）岩溶发育特征及岩溶层组类型划分

根据岩溶地貌的个体形态及组合特征，可划分为峰丛洼地、岩溶谷地、岩溶河谷等三种类型。地表岩溶形态主要有峰丛、岩溶洼地、岩溶谷地、落水洞（或天窗）等，地下岩溶主要有地下河、溶洞等。

a. 岩溶洼地

对岩溶洼地的高程、长轴方向、倾向和洼地中的消水洞位置进行分析，可以判断地下水的汇集方向和流向。根据调查，研究区的岩溶洼地主要分布于峰丛洼地地貌中，规模一般较小，宽度为 50～200m，长度为 50～500m，洼地底部第四系土层覆盖较薄。洼地方向以 NNE—NE 向、NW 向、EW 向为主（图 5.3）。

图 5.3　岩溶洼地及消水洞

b. 落水洞（或天窗）

区内洼地中均发育有落水洞，但由于第四系覆盖，洼地底部落水洞多数出露不明显。串珠状发育的落水洞（或天窗）有利于地下河的发现和推测（图 5.4）。

图 5.4 落水洞

c. 溶洞

一般大于 20cm 的溶蚀空间称为溶洞。根据溶洞断面规模，小于 100cm 的为小型溶洞；100～500cm 的为中型溶洞；大于 500cm 的为大型溶洞。

区内溶洞主要为包气带洞（图 5.5），其成因主要是由于地壳上升，河流下切，地下水位下降，原来饱水带洞穴出露地表形成干溶洞，洞内常发育各种碳酸钙的化学沉积物。

图 5.5 溶洞

d. 地下河（岩溶管道）

区内地下河发育，且排泄口均位于龙江河边。金城江区供水厂中的城北水厂、加辽水厂、肯冲水厂、城东水厂、城西水厂的取水点均为地下河的天窗或溶潭。受龙江下游拦水坝蓄水抬升水位影响，在水厂取水点加大开采强度，导致地下水位降深大的情况下，有可能会造成龙江河水沿地下河管道快速倒灌，影响取水点水质。

e. 岩溶层组类型

根据研究区碳酸盐岩的纯度、厚度及其与碎屑岩厚度比、组合形式及层组结构类型，将研究区碳酸盐岩地层划分为三种岩溶层组类型（表 5.1）：①均匀状纯碳酸盐岩层组；②非均匀状纯碳酸盐岩层组；③碳酸盐岩、碎屑岩层组。

表 5.1　研究区碳酸盐岩岩溶层组类型划分表

| 地层名称 | 地层代号 | 岩性特征 | 碳酸盐岩岩溶层组分类 | 岩溶化层组分类 |
|---|---|---|---|---|
| 下二叠统茅口组 | $P_1m$ | 以灰色致密灰岩、细晶灰岩为主，底部为燧石条带、团块灰岩夹薄层状泥灰岩 | 均匀状纯碳酸盐岩层组 | 强岩溶化层组 |
| 上石炭统 | $C_3$ | 浅灰色致密灰岩夹灰色细晶灰岩 | | 强岩溶化层组 |
| 中石炭统 | $C_2$ | 灰色—浅灰色细晶灰岩和致密灰岩夹白云岩、白云质灰岩 | | 强岩溶化层组 |
| 上泥盆统同车江组 | $D_3t$ | 薄层—中厚层状硅质页岩 | | 强岩溶化层组 |
| 下二叠统栖霞组 | $P_1q$ | 以灰色致密灰岩、细晶灰岩为主，中上部夹少量燧石团块灰岩 | 非均匀状纯碳酸盐岩层组 | 中等岩溶化层组 |
| 中泥盆统东岗岭组 | $D_2d$ | 灰色灰岩夹白云岩及薄层泥灰岩夹页岩 | | 中等岩溶化层组 |
| 上二叠统 | $P_2$ | 上部为灰色灰岩夹硅质岩、泥质岩，下部为灰黑色硅质岩夹生物碎屑灰岩 | 碳酸盐岩、碎屑岩层组 | 弱岩溶化层组 |
| 下石炭统大塘阶 | $C_1d$ | 灰黑色中厚层状灰岩、白云岩夹硅质岩 | | 弱岩溶化层组 |
| 下石炭统岩关阶 | $C_1y$ | 中厚层灰岩，夹泥质灰岩及页岩 | | 弱岩溶化层组 |
| 上泥盆统榴江组 | $D_3l$ | 中上部为深灰色、灰黑色泥灰岩，钙质页岩，灰岩夹扁豆状灰岩，下部为硅质岩、硅质页岩及粉砂岩 | | 弱岩溶化层组 |

f. 岩溶发育特征与分布规律

根据区域岩溶水文地质调查，研究区岩溶发育具有如下特点和规律。

岩溶发育程度与碳酸盐岩层组类型的分布密切。大多数地表岩溶现象，如落水洞、天窗、岩溶泉、地下河等都分布于均匀状纯碳酸盐岩和非均匀状纯碳酸盐岩分布区，它们都属于强—中等岩溶化层组。其中，主要发育于 $P_1m$、$P_1q$、$C_3m$、$C_2$ 等岩溶发育的地层中，地下河多发育于这些地层中。

岩溶发育明显受到构造的影响和控制。河池城区的城北水厂地下河、加祥地下河、肯冲地下河、马道地下河及城东水厂所在的峀片地下河都是沿 NEE—NE 向展布，与研究区最发育的新华夏系构造同向，明显受到新华夏系构造的控制。

城西水厂所在的廷榄地下河和都腊地下河整体呈 NS 向展布，沿背斜的轴部发育，明显受北西向构造的控制。

### 5.1.1.4　水文地质条件

1）地下水类型

根据研究区地层岩性的分布情况、碳酸盐岩和碎屑岩的组合特征、岩溶发育特征，可将研究区地下水划分为三类：松散岩类孔隙水、岩溶水和碎屑岩基岩裂隙水（表 5.2）。其中，岩溶水又可细分为碳酸盐岩裂隙溶洞水和碳酸盐岩、碎屑岩溶洞裂隙水。

**表 5.2　地下水类型、含水岩组及其富水性划分表**

| 地下水类型 | | 含水岩组 | 含水岩组代号 | 岩性组合 | 富水性 |
|---|---|---|---|---|---|
| 松散岩类孔隙水 | | 松散岩类含水岩组 | $Q_h$、$Q_p$、$Q$ | 黏土、粉质黏土、砂卵石、黏土质砾卵石 | 弱 |
| 岩溶水 | 碳酸盐岩裂隙溶洞水 | 纯碳酸盐岩含水岩组 | $C_2$、$P_1m$、$P_1q$、$C_3m$、$P_2$、$C_1d^3$、$D_3r$、$D_2d$ | 灰岩、白云岩夹少量泥质灰岩，碳酸盐岩>75% | 中等 |
| | 碳酸盐岩、碎屑岩溶洞裂隙水 | 碳酸盐岩、碎屑岩含水岩组 | $C_1d$、$C_1y$、$C_2d^{1+2}$、$D_3l$ | 灰岩、泥灰岩、砂页岩，碳酸盐岩占28%~74%（<57%） | 弱—中等 |
| 碎屑岩基岩裂隙水 | | 碎屑岩含水岩组 | $T_1l$、$C_1y$、$D_3t$ | 页岩、碳质页岩、粉砂岩、砂岩，夹少量泥灰岩 | 弱—中等 |

a. 松散岩类孔隙水

赋存于第四系残坡积及冲洪积层中，主要分布在龙江两岸的河漫滩和阶地、岩溶谷地及洼地底部，多沿龙江两侧及沟谷呈带状展布。该含水岩组上部为杂色黏土，夹碎石或碎石土；下部为黄红色黏土、砂卵砾石，最大厚度大于 30m。孔隙水主要赋存在砂卵砾石层中，单位涌水量 0.5~1.5L/s·m。

b. 岩溶水

岩溶水又可分为碳酸盐岩裂隙溶洞水和碳酸盐岩、碎屑岩溶洞裂隙水。
碳酸盐岩裂隙溶洞水主要赋存于纯碳酸盐岩和非纯碳酸盐岩岩组地层中，其地层岩性主要为灰岩、白云岩、白云质灰岩、泥质灰岩，是研究区的主要地下水类型。

研究区主要为碳酸盐岩地层，岩质较纯，岩溶发育，地表、地下岩溶现象分布密集，受构造的控制，许多区域地下岩溶呈条带状发育和分布。研究区岩溶水多呈集中径流和集中排泄的特点，地下水丰富，流量大，流速高。

碳酸盐岩、碎屑岩裂隙溶洞水（或溶洞裂隙水）主要赋存于碳酸盐岩和碎屑岩互夹的地层分布区，有的以碳酸盐岩为主，碳酸盐岩厚度大于 50%，有的以碎屑岩为主，碎屑岩厚度大于 50%。根据碳酸盐岩与碎屑岩的厚度比、岩溶发育程度，地下水的赋存方式不同，可分为碳酸盐岩、碎屑岩裂隙溶洞水和溶洞裂隙水。

c. 碎屑岩基岩裂隙水

碎屑岩基岩裂隙水主要赋存在 $C_1y$ 和 $D_3t$ 地层中。该类地下水仅在研究区的东北角和下板村附近分布面积稍大，其他区域呈零星分布。

2）含水岩组及其富水性

根据地下水赋存条件、水力特征、含水岩层的空间分布特征及岩溶层组类型，将研究区划分为四个含水岩组：松散岩类含水岩组，纯碳酸盐岩含水岩组，碳酸盐岩、碎屑岩含水岩组，碎屑岩含水岩组。综合考虑泉水流量、地下河流量和钻孔涌水量及地下水径流模数等，将含水岩组的富水性划分为富水性强、富水性中等和富水性弱三类（表 5.2）。

3）岩溶含水岩组结构特征

研究区地形起伏大，龙江河谷地势低，龙江南部和北部山区地势高，形成以龙江为溶蚀、侵蚀和排泄基准面，以南北山区为地下水补给区，以地下河为主要径流通道的分散补给、集中径流和集中排泄的岩溶地下水补径排格局。

根据前人的研究和相关钻孔资料，在岩溶含水岩组的垂直方向上，河池城区及周边的排泄径流区，地下 100m 以上岩溶较发育，地下 100m 以下岩溶发育降低。因此，埋深 100m 可作为研究区含水岩组的隔水底板；距地面 100m 以上，为具多层洞穴的岩溶化含水层。龙江两岸的岩溶地下水主径流排泄区的岩溶地下水的承压性不明显，其顶部局部分布有第四系松散堆积层，含上层滞水及孔隙潜水；在主径流谷地和河谷阶地区，顶部孔隙水与岩溶水有密切的水力联系，两者界线不明显。

4）岩溶地下水系统划分

根据研究区地下水赋存条件，地下水的补给、径流和排泄特征，将研究区划分为两个岩溶地下水系统（图 5.6）：以龙江为界，分为城北岩溶地下水系统（Ⅰ）和城南岩溶地下水系统（Ⅱ）。根据岩溶水文地质条件和岩溶地下水的补给、径流、排泄特征，研究区岩溶地下水系统可划分为 6 个相对独立的地下河子系统：马道地下河子系统（I-1）、城北水厂地下河子系统（I-2）、加祥地下河子系统（I-3）、肯冲地下河子系统（I-4），城西水厂地下河子系统（II-1）、岜片地下河子系统（即城东水厂地下河子系统）（II-2）。

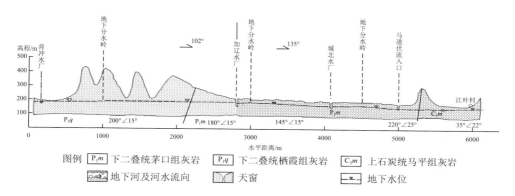

**图 5.6　肯冲水厂—加辽水厂—城北水厂—江叶村地质剖面图**

a. 马道地下河子系统（I-1）

马道地下河子系统总体呈 NS 向带状分布，南北长约 25km，东西宽 2～10km，呈北部宽，南部窄。该系统主要补给区位于下板村以北的峰丛洼地区，包括东江镇的温平，环江县水源镇的三美、广南、独山、下邦等，汇水区的最北边界位于下邦村附近。径流区主要位于广南—温平—板旧—马道谷地，是马道地下河的主径流通道。

大气降水通过裂缝、落水洞、天窗等渗入地下成为地下水，以分散补给的方式补给马道地下河主管道，通过地下河主管道集中径流，经环江县肯圩、曲江、广南、含香、齐美、板旧、马道，向龙江北岸的龙江二桥处地下河出口集中排泄。

整个马道地下河子系统面积达 154.96km²，其中，马道村以上的汇水面积为 149.40km²。

b. 城北水厂地下河子系统（I-2）

城北水厂地下河子系统呈 SW 向带状展布，长 8.5km，宽约 1km，整个地下河系统汇水总面积为 8.83km²，其中，城北水源点以上的汇水面积为 6.36km²。

在罗城幅 1∶200000 区域水文地质调查报告中，马道地下河子系统和城北水厂地下河子系统被作为同一个岩溶水系统。根据本次水文地质补充调查后将城北水厂地下河作为一个单独的子系统划分出来。

城北水厂地下河子系统的主要汇水区位于城北水厂以北的峰丛洼地区，从牛峒、甘灰、更胆峒、雷峒一路往南西方向到城北水厂一带，并向下游的金龙苗一带径流，最终从下卷村附近的龙江北岸河谷排泄（图5.7）。

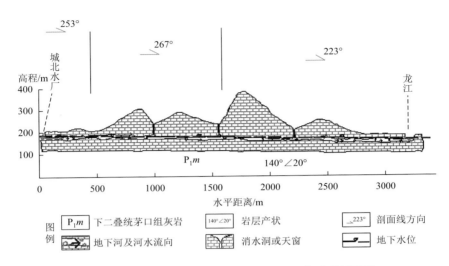

图 5.7　城北水厂—城北地下河出口（龙江）地质剖面图

城北水厂地下河系统内没有常年流水的地表河流，地下水运动方式属于分散补给、集中径流和集中排泄。地下水全部来源于大气降水，除了蒸发、灌溉及少量鱼塘用水外，全部转化为地下水。

c. 加祥地下河子系统（Ⅰ-3）

加辽水厂所处的加祥地下河子系统亦呈 SW 向带状分布，长约 9.5km，宽 0.5～3.3km，在加辽水厂上游的汇水面积 15.4km²。加祥地下河子系统发源于保峒一带，向南西经木友、加辽水厂、足直，最终从大村六队附近的地下河出口排入龙江。该地下河与肯冲地下河共用一个排泄出口。

加祥地下河子系统内从加祥到加辽水厂再到足直存在季节性地表水溪流，但只有在中雨以上降雨时才会形成地表水，地表水从足直村附近汇入龙江。加祥地下河子系统没有外部水源补给，其全部地下水均来源于大气降水；地下水运动方式属于分散补给、集中径流和集中排泄（图5.8）。

d. 肯冲地下河子系统（Ⅰ-4）

肯冲地下河子系统呈 SSW 向带状分布，整体呈中间宽大，南北两端狭窄的棒槌状，长约 17.2km，宽 1.0～7.3km，肯冲水厂以上的上游汇水面积 73.49km²。

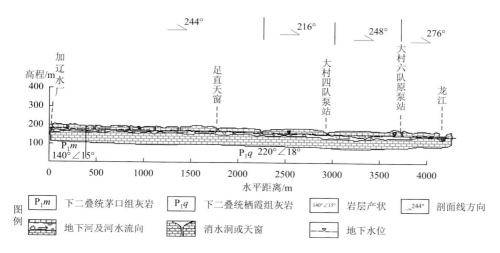

**图 5.8 加辽水厂—加祥地下河出口（龙江）地质剖面图**

肯冲地下河子系统发源于北部的宁峒，经甲道、赛峒、板肯、肯冲、龙胆峒，最终从大村六队附近的龙江河谷中的地下河出口排泄（图 5.9）。肯冲地下河子系统是一个封闭的系统，区内地下水全部来源于大气降水，除蒸发外，所有大气降水最终都转化为地下水。地下水运动方式属于分散补给、集中径流和集中排泄。

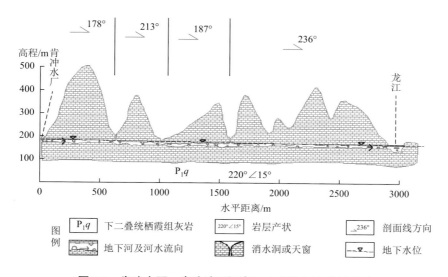

**图 5.9 肯冲水厂—肯冲地下河出口（龙江）地质剖面图**

e. 城西水厂地下河子系统（II-1）

城西水厂地下河子系统分上游和下游两部分，上游部分呈倒三角形，汇水面积 68.98km²；下游呈歪四边形，汇水面积 37.37km²；系统总面积 106.35km²。

城西水厂地下河子系统包括都腊地下河、廷榄地下河和六塘岩溶泉三个次级系统，其地下水全部通过大气降水补给，除蒸发外，降水全部转化为地下水，通过分散补给、集中径流方式，一部分通过六圩河排入龙江，一部分通过地下径流最终向龙江排泄。

f. 岜片地下河子系统（II-2）

岜片地下河子系统是城东水厂的水源地，呈 NE 向带状分布，长约 6.7km，宽 1.7~4.0km，汇水面积 17.95km²，城东水厂上游汇水面积 17.06km²。

岜片地下河子系统发源于则峒一带，经下江、香炉、城东水厂，最终从龙江河谷地下河出口排入龙江。岜片地下河子系统的后背峒以南区域为主要汇水区，属峰丛洼地，无外部水源补给。大气降水入渗地下后通过裂隙分散补给地下河主管道形成集中径流，向岜片谷地径流。岜片谷地发育季节性河流，地表水部分通过溪流直接排入龙江，部分渗入地下形成地下水，并与上游地下水汇合继续向下游径流，经香炉、城东水厂，最终从龙江河谷地下河出口排入龙江。

根据岜片地下河示踪试验结果，岜片地下河管道内地下水平均视流速达 44m/h。

5）岩溶水系统的补径排特征

区内各岩溶地下水子系统均以大气降水为唯一补给来源，通过溶缝、落水洞、漏斗及断裂等进入含水岩组，最终向龙江排泄。其中，属于城北岩溶地下水系统（I）的马道地下河子系统（I-1）、城北水厂地下河子系统（I-2）、加祥地下河子系统（I-3）、肯冲地下河子系统（I-4），总体上都是从北东向南西方向径流。而属于城南岩溶地下水系统（II）的城西水厂地下河子系统（II-1）、岜片地下河子系统（即城东水厂地下河子系统）（II-2）则总体上由南西向北东径流。

这 6 个地下河子系统都具有完整的补给、径流和排泄边界。总体上，I-1、I-2、I-3、I-4、II-1、II-2 地下河子系统受新华夏系构造的控制，地下水主径流方向整体呈 NE—SW（或 SW—NE）向，尤其是径流区和排泄区，地下水严格沿该方向流动，地下水径流方向与龙江呈小角度斜交。

由于 I-1、I-2、I-3、I-4、II-1、II-2 地下河子系统是 6 个独立的岩溶水系统，其补给、径流、排泄边界完整，补给完全依靠大气降水，而龙江是唯一的排泄出口。在天然状态下，龙江水位仍会低于两岸的地下水位，其影响仅限于降低了 6 个地下河子系统的排泄区和径流区的水力坡度，而对补给区没有任何影响，也不会造成龙江河水倒灌，影响水源点的水质。在金城江电站蓄水期间，库区水位会上升 3.5m，造成库岸一定范围内的地下河水壅高，局部地下水会因龙江河水倒灌而水质受影响。

5.1.1.5 地下水化学特征

根据本次调查分析结果，在未受到人为污染的地区地下水化学类型均为 $HCO_3$-$Ca$ 型，属于典型的岩溶地下水（图 5.10）。在原人民厂东南角发育一个岩溶泉（HC088），受人民厂及周边冶炼厂排污影响，该泉水化学类型已转化为 $SO_4 \cdot HCO_3$-$Ca$ 型。

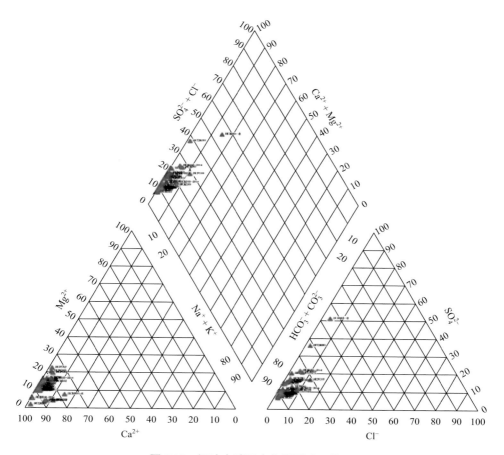

图 5.10 河池市地下水化学派珀三线图

大气降水是研究区地下水的主要来源，大气降水水质直接影响区域地下水化学成分。2012 年河池市共采集降水样品 304 个，其中酸雨样品 97 个，酸雨频率为 31.9%，比 2011 年上升了 5.1 个百分点，实测降雨量 4067.7mm，其中酸雨量 1616.7mm，酸雨量占总降雨量的 39.7%。降雨 pH 在 3.35～7.88，全年降雨 pH 均值 5.08，低于 5.6 的酸雨界限，比 2011 年下降了 0.10 个 pH 单位。分析结果显示，研究区大气降水的化学类型为 $HCO_3·SO_4-Ca$ 型。

与地下水相比，降水中的硫酸盐浓度偏高（31.83mg/L）；无论是丰水期还是枯水期，有约 70%地下水监测点的硫酸盐浓度小于 31mg/L（硫酸盐浓度为 15.4～60.4mg/L，且枯水期和丰水期浓度差小于 10%）。

#### 5.1.1.6　土地利用变化分析

河池市 1990 年和 2016 年土地利用状况有如下变化（表 5.3）。

表 5.3　1990 年和 2016 年河池市土地利用状况对比表

| 用地类型 | 面积，长度/km², km | | 增加量/km²，km | 增加百分比 |
| --- | --- | --- | --- | --- |
| | 1990 年 | 2016 年 | | |
| 工业用地 | 1.36 | 2.37 | 1.01 | 74.26% |
| 居民地 | 16.24 | 14.30 | −1.94 | −11.95% |
| 公共设施用地 | 0.53 | 1.18 | 0.65 | 122.64% |
| 耕地 | 10.96 | 10.92 | −0.04 | −0.36% |
| 林地（含城市绿地） | 87.51 | 86.38 | −1.13 | −1.29% |
| 道路 | 27.31 | 135.39 | 108.08 | 395.75% |

1）工业用地

研究区内工业用地面积增长不大，其占地由 1990 年的 1.36km² 增大到 2016 年的 2.37km²，2016 年相比 1990 年工厂占地面积增加了 1.01km²，增加约 74.26%。工厂由 15 家增加至 29 家，相比增加了 93.33%。

2）居民地

居民地面积由 1990 年的 16.24km² 减少至 2016 年的 14.30km²，减少面积 1.94km²，减少比例约 11.95%。

3）耕地和林地

耕地面积由 1990 年的 10.96km² 减少至 2016 年的 10.92km²，减少面积 0.04km²，减少比例约 0.36%；林地面积由 1990 年的 87.51km² 减少至 2016 年的 86.38km²，减少面积 1.13km²，减少比例约 1.29%。

4）道路

1990 年河池市研究区内公路总长 27.31km，2016 年增加到 135.39km，增加 108.08km，相比增加 395.75%。

土地利用核查是在收集资料基础上进行现场核实。首先按照国家土地利用分类，结合研究区土地利用特点，收集土地利用现状及历史变化情况，包括耕地、园地、林地、草地、城市建设用地等。然后，在开展环境水文地质补充调查的同时，对土地类型进行核查，针对研究区土地利用变化特征，重点核查了 8 处新建的和已废弃的工业场地（包括河池西站、河池市金城江铁路水泥厂等）；同时，对部分地区农田的变化进行了核查，发现有部分农田转换为居住用地。区内还存在 6 个大型采石场（图 5.11、图 5.12），破坏了原有地貌与地质环境。

图 5.11   采石场山体开挖图

图 5.12   采石场碎石堆放图

### 5.1.1.7   污染源类型与分布特征

污染源调查以收集、整理研究区污染源资料为主，对重要污染源或重要潜在污染源进行核查或补充调查；重点调查污染源的类型（工业污染源、农业污染源、生活污染源）及其空间分布特征，收集污染事件发生的时间、地点、污染物种类和危害（表 5.4）。

表 5.4   河池市 1990 年和 2016 年地下水污染源变化对比表

| 参数 | 工业污染源 | 农业污染源 | 生活污染源 |
| --- | --- | --- | --- |
| 1990 年各面积/km² | 1.36 | 10.96 | 16.24 |
| 2016 年各面积/km² | 2.37 | 10.92 | 14.30 |
| 增加量/km² | 1.01 | −0.04 | −1.94 |
| 增加百分比/% | 74.26 | −0.36 | −11.95 |

工业污染源是研究区主要的污染源，需对这些企业的废水性质、排放量及去向进行详细的调查。此外，农业是研究区主要产业之一，对农业面源污染也需要进行详细的补充调查。

工业污染源调查内容包括：机械、电子、化工、采矿、冶炼、石油等企业的名称、位置，污水、废渣（尾矿）排放量、排放方式、规模、途径和排放口位置，污染物种类、数量、成分及危害，以及重要污染企业废弃场地、油品和溶剂等地下储存设施等的调查。

由于历史原因，河池市及其周边地区，存在大量污染性企业，对城区供水安全造成严重威胁。这些污染性企业大部分目前已经停产或转产，但部分仍在生产。

根据资料收集和现场调查，河池城区及近郊的主要点状污染源包括：河池市南方有色冶炼厂、河池五吉有限公司冶炼一厂、金城江宝来冶炼厂、鑫华冶炼厂、原河池钢厂内的蓝天锰业、环江钢铁公司、河池铜厂、人民厂、白尾砒霜厂等。在调查过程中，发现工业废渣随意露天堆放等现象（图 5.13～图 5.16）。

图 5.13　已废弃的冶化厂生产车间

图 5.14　硫酸生产车间

图 5.15　工业废水直排进入雨污沟

图 5.16　农田内的重金属尾矿库

面污染源主要包括水厂汇水区内的农林使用农药、化肥的面源污染，居民生活污染，以及畜牧生产污染等。

农业污染源调查内容包括：土地利用历史与现状；农田施用化肥和农药的品种、数量、方式、时间等；污灌区范围、灌溉污水主要污染物及浓度、污灌次数和污灌量；养殖场及规模，乡镇企业污染源情况等。

生活污染源调查内容包括：垃圾场的分布、规模、垃圾处理方式与效果、淋滤液产生量及主要污染组分、存放场地的地质结构情况等；生活污水产生量、处理与排放方式、主要污染物及其浓度和危害等的调查。在河池地区，有部分落水洞被作为垃圾堆放点（图 5.17），生活垃圾的随意堆放对地下水质量构成威胁。

图 5.17  堆满生活垃圾的落水洞

地表污染水体调查内容包括：污染水体（河、湖、塘、水库及水渠等）的分布、规模、利用情况及水质状况等。

## 5.1.2  水环境质量评价

在研究区内共布设地下水采样监测点 12 个（枯水期为 14 个，丰水期为 12 个），开展了枯水期和丰水期 2 次采样；利用 2 期监测数据对河池市水环境质量进行评价。

### 5.1.2.1  评价方法

地下水环境质量依据《地下水质量标准》（GB/T 14848—2017），将地下水质量划分为五类。

本次调查过程中测试指标共 73 个，包括现场理化指标 9 个（岩溶区增加 $Ca^{2+}$ 和 $HCO_3^-$）、无机指标 28 个以及有机指标 37 个。在最终的评价过程中，选取 56 个参与评价。包括 3 个现场测试指标（pH、EC、浊度）、15 个无机常规指标（溶解性总固体、耗氧量、总硬度、高锰酸盐指数、氨氮、硫酸盐、氯化物、钠、钙、镁、铁、锰、锌、铝、铜）、10 个无机毒理指标（硝酸盐、亚硝酸盐、氟化物、碘化物、铅、镉、六价铬、汞、砷、硒），以及 28 个微量有机指标。

评价指标选取及其限值参考《地下水质量标准》（GB/T 14848—2017）、《区域地下水污染调查评价规范》（DZ/T 0288—2015）和《生活饮用水卫生标准》（GB 5749—2006），采用单指标和综合指标评价方法开展地下水质量评价，部分指标参照世界卫生组织饮水标准及美国饮用水水质标准等确定；对无机指标仅进行超标率统计分析，微量有机指标则进行检出率和超标率统计分析。

### 5.1.2.2 检出率和超标率统计分析

根据规范要求，对现场测试指标和无机指标只开展超标率统计分析，对微量有机指标同时进行检出率和超标率统计分析。

1）现场测试指标超标率统计分析

在参加统计的 3 个现场测试指标（pH、EC、浊度）中，仅有浊度出现超标；其中，丰水期有 6 个点浊度超标，占全部采样点的 50%（表 5.5）；枯水期有 3 个点浊度超标，占全部采样点的 21.43%。所有浊度超标点监测数据均只超过Ⅳ类（3～10 NTU），数据范围为 3.43～8.45 NTU；浊度超过Ⅳ类水质标准最高达 1.82 倍（表 5.5）。

**表 5.5 现场测试指标超标统计**

| 编号 | 超标指标 | 监测值/NTU | 水点类型 | 超标倍数/倍 | 超标原因 | 备注 |
|------|---------|-----------|---------|------------|---------|------|
| HCF017 | 浊度 | 3.50 | 溶潭 | 0.17 | 水土流失 | 丰水期 |
| HCF024 | 浊度 | 8.45 | 溶潭 | 1.82 | 水土流失 | |
| HCF032 | 浊度 | 7.70 | 溶潭 | 1.57 | 水土流失 | |
| HCF035 | 浊度 | 3.63 | 机井（深层岩溶水） | 0.21 | 水力扰动 | |
| HCF053 | 浊度 | 4.07 | 溶潭 | 0.36 | 水土流失 | |
| HCF056 | 浊度 | 3.46 | 天窗 | 0.15 | 水土流失 | |
| HCK039 | 浊度 | 3.43 | 岩溶泉 | 0.14 | 水土流失 | 枯水期 |
| HCK044 | 浊度 | 3.86 | 溶潭 | 0.29 | 水土流失 | |
| HCK055 | 浊度 | 5.00 | 溶潭 | 0.67 | 水土流失 | |

2）无机常规指标超标率统计分析

根据无机常规指标监测结果，丰水期 12 个监测点中，除 1 个点（HCF024）为Ⅳ类水外，其他 11 个点均为Ⅱ类水点；Ⅳ类水的影响因子为 Mn（表 5.6），超标倍数（超Ⅲ类）为 0.8 倍（表 5.7）。

表 5.6    无机常规指标质量评价结果

| 监测时段 | 类别 | 数量/个 | 比例/% | 影响因子 |
|---|---|---|---|---|
| 丰水期 | II类 | 11 | 91.7 | |
| | IV类 | 1 | 8.3 | Mn |
| 枯水期 | II类 | 10 | 71.4 | |
| | III类 | 4 | 28.6 | |

表 5.7    无机组分超标统计

| 编号 | 超标组分 | 监测值/(mg/L) | 水点类型 | 超标倍数/倍 | 超标原因 | 备注 |
|---|---|---|---|---|---|---|
| HCF024 | Mn/As | 0.18/0.012 | 溶潭 | 0.8/0.2 (超III类标准) | 曾受冶炼厂污染 | 丰水期 |
| HCF039 | As | 0.03 | 天窗 | 2 (超III类标准) | 曾受砒霜厂污染 | 丰水期 |
| HCK039 | As/Cd | 0.065 | 天窗 | 0.3 (超IV类标准) | 曾受砒霜厂污染 | 枯水期 |
| HCK088 | As/Cd | 0.02 | 岩溶泉 | 1 (超III类标准) | 受金河矿冶排污影响 | 枯水期 |
| HCK088 | Cd | 0.043 | 岩溶泉 | 3.3 (超IV类标准) | 受金河矿冶排污影响 | 枯水期 |
| HCK039 | Cd | 0.0066 | 天窗 | 0.32 (超III类标准) | 曾受砒霜厂污染 | 枯水期 |

枯水期各监测点无机常规指标未出现超标情况。在 14 个监测点中，有 10 个点水质为 II 类，其他 4 个点为 III 类。

对比枯水期和丰水期无机常规指标监测结果，丰水期水质比枯水期差（因降雨导致污染物更容易进入浅部岩溶含水层）；但受补给量减少的影响，枯水期地下水各组分浓度相比丰水期高，导致丰水期 II 类水点减少。

3）无机毒理指标超标率统计分析

对 10 个无机毒理指标进行质量评价，结果显示，在丰水期（图 5.18），II 类水点 9 个，占 75%；III 类水点 1 个，占 8.3%；IV 类水点 2 个，占 16.7%。IV 类水影响因子只有 As（表 5.7），有 2 个点 As 超标（HCF024、HCF039）。

在枯水期（图 5.19），I～III 类水样品 12 个，占 85.71%；V 类水样品 2 个，占 14.29%。V 类水影响因子为 As 和 Cd，有 2 个点 As 和 Cd 同时超标（HCK088、HCK039）。

对比枯水期和丰水期以及复检样品的监测结果发现，只有 HC039 一直出现 As 超标，其他监测点超标组分未出现重复；说明除城东水厂（HC039）受到长期的 As 污染外，其他各点的超标组分多具有偶然或季节因素（属于间歇性污染）。

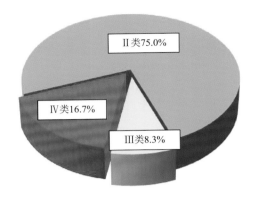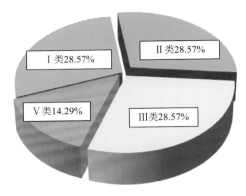

**图 5.18** 丰水期无机毒理指标水质综合评价统计图    **图 5.19** 枯水期无机毒理指标水质综合评价统计图

4）微量有机指标检出率和超标率统计分析

对微量有机指标中 26 个指标进行质量评价（图 5.20、图 5.21），丰水期研究区内微量有机物在 6 个点有检出但均不超标，地下水质量主要为 I 类，占 50%；II 类水点 5 个，占 41.7%；III 类水点 1 个，占 8.3%。

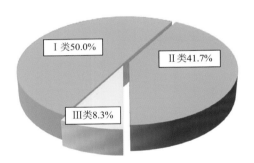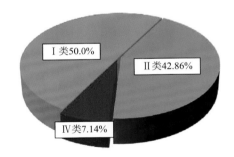

**图 5.20** 丰水期微量有机指标水质综合评价统计图    **图 5.21** 枯水期微量有机指标水质综合评价统计图

在枯水期，有 1 个点（HC058）检出四氯乙烯且超标，超标倍数 3.125 倍（超 III 类）；但在 2014 年的复检样品中未检出四氯乙烯；地下水质量 I 类 7 个，占 50%；II 类水点 6 个，占 42.86%；IV 类水样点 1 个，占 7.14%。

对比分析认为，即使排除 HC058 点的偶然性，枯水期各监测点水质中有机指标质量等级比丰水期稍差，所检出的甲苯平均浓度丰水期也比枯水期稍低。

### 5.1.2.3 区域地下水质量综合评价

通过对河池市 12 个监测点地下水丰水期、枯水期及复检等多次水质数据的综合分析，以《地下水水质标准》（GB/T 14848—2017）为标准开展地下水质量综合评价（表 5.8）。综合评价结果显示，河池市浅层岩溶地下水质量以 II、III 类为主，局部地下水质量较差；在 12 个浅层地下水监测点中，有 2 个点为 II 类、6 个点为 III 类、2 个点为 IV 类、2 个点为 V 类。

在 2 个 IV 类水监测点中，因下伦溶潭上游的污染源一直未全部清除，导致 HC024 在雨季受到有毒重金属 Mn 和 Cd 的浸出污染；因此，尽管 HC024 为 IV 类水，仍将其划归为不宜作为饮用水水源点。HC058 点仅在雨季出现轻微的四氯乙烯污染，可将其划归为处理后可作为饮用水水源点（图 5.22）。

表 5.8　河池地下水质量综合评价结果

| 样品编号 | 地下水质量分级 | 四类影响因子 | 五类影响因子 |
|---|---|---|---|
| HC017 | II 类 | | |
| HC022 | III 类 | | |
| HC024 | IV 类 | Mn；As | |
| HC032 | III 类 | | |
| HC039 | V 类 | Cd | As |
| HC044 | III 类 | | |
| HC054 | III 类 | | |
| HC055 | III 类 | | |
| HC056 | III 类 | | |
| HC058 | IV 类 | 四氯乙烯 | |
| HC070 | II 类 | | |
| HC088 | V 类 | As | Cd |

### 5.1.2.4　地下水质量变化趋势及影响因素

通过对多年的地下水监测资料的分析，发现河池市地下水中总硬度一直处于逐年升高趋势（表 5.9）。采用随机抽样回归分析法对河池市地下水总硬度主要构成及其升高的机理进行了分析。

（1）河池市地下水总硬度的构成以重碳酸盐为主，硫酸盐次之，而氯盐、硝酸盐对构成硬度作用很小，可以忽略不计；其中以组成暂时硬度的重碳酸盐与总硬度极为密切，其次是硫酸盐地下水总硬度的升高以暂时硬度的重碳酸盐增长为主，整个永久硬度很小，增长也不大；但在整个构成永久硬度的组分

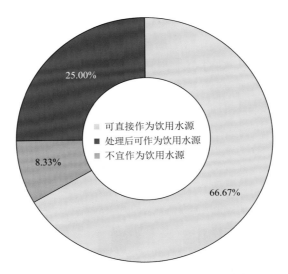

**图 5.22  河池市地下水质量综合评价统计图**

**表 5.9  河池市总硬度历年平均值**

| 年份 | 1982 | 1984 | 1986 | 2000 | 2009 | 2012 |
|---|---|---|---|---|---|---|
| 总硬度（CaCO₃）/(mg/L) | 50.951 | 64.963 | 74.262 | 168 | 216 | 229 |

中又以硫酸盐硬度为主；总硬度的升高表现出 $Ca^{2+}$ 的含量增大，即钙硬度的升高（图 5.23、图 5.24）。

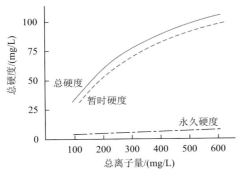

**图 5.23  河池市总硬度与总离子量的关系**

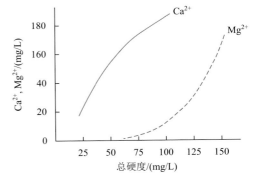

**图 5.24  河池市 $Ca^{2+}$、$Mg^{2+}$ 与总硬度的关系**

（2）硬度升高的机理包括以下几个方面：①岩性以碳酸盐矿物为主，为地下水硬度升高提供了物质基础；②人类活动（农业与生活）使生物降解有机物渗入和分解，促使地下水中的 $CO_2$ 平衡压力增加，从而加速对碳酸盐矿物的溶解，吸

附性的 $Ca^{2+}$、$Mg^{2+}$ 释放，使地下水暂时硬度增高；③酸雨或酸性废水直接排入地下，增大了地下水的酸度，促使碳酸盐矿物的溶解；而含钠盐的生活废水渗入地下，置换了附吸性的 $Ca^{2+}$、$Mg^{2+}$，使地下水的 $Ca^{2+}$、$Mg^{2+}$ 含量增大，造成地下水硬度升高。

根据河池市金城江区 1984~2010 年酸雨频率和降雨 pH 统计显示（表 5.10、图 5.25），河池市酸雨在 1987~1991 年出现的频率和酸度逐年增高，2002~2008 年酸雨污染比较重，属于重酸雨区；2009 年属于中度污染，2010 年属于轻度污染。2005~2010 年河池市酸雨的变化趋势总体下降明显，降雨质量有明显好转。根据雨水主要离子浓度分析（表 5.11），认为影响河池市降雨的主要阴离子是 $SO_4^{2-}$、$NO_3^-$，其中 $SO_4^{2-}$ 所占的比例最大，表明河池市酸雨类型主要是硫酸型。说明河池市工业和能源消耗大量煤炭导致 $SO_2$ 和 $NO_x$ 大量排放是影响酸雨形成的主要因素；此外，汽车尾气中的 $NO_x$ 也是影响河池市酸雨变化的重要因素之一。

表 5.10 金城江区酸雨频率及降雨酸度年变化统计

| 年份 | 1984 | 1985 | 1986 | 1987 | 1988 | 1989 | 1990 | 1991 | 1992 |
|---|---|---|---|---|---|---|---|---|---|
| 酸雨频率/% | 0.0 | 31.0 | 67.9 | 51.9 | 43.3 | 54.9 | 68.4 | 65.2 | 68.7 |
| 降雨 pH 均值 | 6.71 | 6.27 | 5.37 | 5.19 | 5.10 | 4.81 | 4.79 | 4.64 | 4.62 |

| 年份 | 1993 | 1994 | 1995 | 1996 | 1997 | 1998 | 1999 | 2000 | 2001 |
|---|---|---|---|---|---|---|---|---|---|
| 酸雨频率/% | 61.0 | 50.7 | 40.4 | 66.7 | 72.9 | 50.0 | 64.7 | 67.9 | 88.9 |
| 降雨 pH 均值 | 4.85 | 5.04 | 4.90 | 4.53 | 4.78 | 4.48 | 4.51 | 4.68 | 4.21 |

| 年份 | 2002 | 2003 | 2004 | 2005 | 2006 | 2007 | 2008 | 2009 | 2010 |
|---|---|---|---|---|---|---|---|---|---|
| 酸雨频率/% | 81.5 | 61.7 | 78.3 | 80.8 | 59.3 | 58.7 | 77.1 | 43.2 | 19.6 |
| 降雨 pH 均值 | 4.53 | 4.82 | 4.17 | 4.43 | 4.62 | 4.87 | 4.54 | 4.78 | 5.56 |

表 5.11 金城江区大气降水主要化学组分浓度　　单位：mg/L

| 年份 | $SO_4^{2-}$ | $NO_3^-$ | $F^-$ | $Cl^-$ | $NH_4^+$ | $K^+$ | $Na^+$ | $Ca^{2+}$ | $Mg^{2+}$ |
|---|---|---|---|---|---|---|---|---|---|
| 2005 | 7.64 | 2.24 | 0.130 | 0.275 | 1.32 | 0.140 | 0.229 | 0.932 | 0.072 |
| 2006 | 19.9 | 1.44 | 0.388 | 0.269 | 0.504 | 0.252 | 0.447 | 2.99 | 0.115 |
| 2007 | 5.58 | 0.991 | 0.212 | 0.358 | 0.721 | 0.189 | 0.635 | 1.68 | 0.097 |
| 2008 | 9.39 | 1.68 | 0.320 | 0.268 | 1.03 | 0.288 | 0.485 | 1.99 | 0.123 |
| 2009 | 7.45 | 1.37 | 0.214 | 0.522 | 0.953 | 0.191 | 0.197 | 2.20 | 0.093 |
| 2010 | 6.65 | 1.36 | 0.150 | 0.367 | 0.923 | 0.162 | 0.144 | 2.26 | 0.115 |

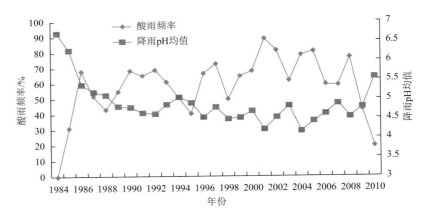

**图 5.25　金城江区酸雨频率及降雨 pH 均值年际变化**

结合本次调查，分析认为：随着离子数的增长，河池市地下水中 $HCO_3^-$ 增加较快，意味着水中的 $P_{CO_2}$ 增加，碳酸盐矿物溶解并形成钙、镁重碳酸盐，表现出暂时硬度的增长。而 $SO_4^{2-}$、$Cl^-$、$NO_3^-$ 含量很低，表现出永久硬度本身不大和增加不快。目前地下水总离子量检出范围在 220～450mg/L，以总离子量 300mg/L 为例，其中 $HCO_3^-$ 为 255mg/L，占总离子量的 85%，其余表现出永久硬度各种离子量之和不足 20%。可见，地下水硬度的升高主要是由暂时硬度的升高而引起的。一般而言，暂时硬度的升高与酸雨频率和酸雨量的增加有直接关系，是由人类活动引起的。

## 5.1.3　地下水污染评价

### 5.1.3.1　评价方法

采用《区域地下水污染调查评价规范》（DZ/T 0288—2015）和《区域地下水调查评价技术要求》中推荐的层级阶梯法开展污染评价。地下水污染按无机毒理指标评价和微量有机指标评价确定，并将其划分为五级。

地下水污染评价指标的选取同质量评价，共 52 个指标（不包括现场测试指标）。

### 5.1.3.2　对照值确定

本次评价采用 1986 年 3 月中旬研究区内枯水期 18 个地下水监测点数据计算对照值（广西地下水年鉴）。计算的无机化学组分的对照值见表 5.12。

表 5.12 无机组分水化学对照值　　　　　　　单位：mg/L

| 参数 | 总硬度 | K$^+$ | Na$^+$ | Ca$^{2+}$ | Mg$^{2+}$ | Fe | Cd | Cu$^{2+}$ | Mn | Zn |
|---|---|---|---|---|---|---|---|---|---|---|
| 统计数 | 32.143 | 18 | 18 | 18 | 18 | 18 | 18 | 18 | 18 | 18 |
| 最大值 | 93.750 | 1.500 | 6.000 | 84.170 | 12.150 | 0.110 | 0.000 | 0.350 | 0.150 | 0.644 |
| 最小值 | 60.377 | 0.100 | 0.200 | 23.090 | 0.610 | 0.010 | 0.000 | 0.001 | 0.020 | 0.004 |
| 平均值 | 41.591 | 0.479 | 1.532 | 71.468 | 4.303 | 0.031 | 0.000 | 0.091 | 0.085 | 0.093 |
| 标准差 | 1.377 | 0.430 | 1.767 | 13.310 | 3.528 | 0.028 | 0.000 | 0.145 | 0.092 | 0.184 |

| 参数 | Cl$^-$ | SO$_4^{2-}$ | NO$_3$-N | NO$_2$-N | NH$_3$-N | I$^-$ | F$^-$ | As | Hg | Pb |
|---|---|---|---|---|---|---|---|---|---|---|
| 统计数 | 18 | 18 | 18 | 18 | 18 | 18 | 18 | 18 | 18 | 18 |
| 最大值 | 8.860 | 50.000 | 1.490 | 0.122 | 7.000 | 0.030 | 0.800 | 0.060 | <0.0005 | 0.020 |
| 最小值 | 0.710 | 2.000 | 0.339 | 0.001 | 0.033 | 0.010 | 0.050 | 0.005 | <0.0005 | 0.001 |
| 平均值 | 2.721 | 7.111 | 0.788 | 0.030 | 2.163 | 0.014 | 0.300 | 0.01 | 0.00025 | 0.003 |
| 标准差 | 2.476 | 11.165 | 1.459 | 0.169 | 3.833 | 0.007 | 0.433 | | | 0.004 |

#### 5.1.3.3　区域地下水污染评价

根据层级阶梯法，以地下水化学对照值为基础，就无机毒理指标和微量有机指标开展地下水污染评价。评价结果详见表 5.13。

表 5.13　层级阶梯法地下水污染评价结果

| 监测点 | 丰水期 | | | 枯水期 | | |
|---|---|---|---|---|---|---|
| | 污染级别 | 影响因子 | 污染原因 | 污染级别 | 影响因子 | 污染原因 |
| HC054 | 1 | | | 1 | | |
| HC017 | 1 | | | 1 | | |
| HC022 | 1 | | | 1 | | |
| HC055 | 1 | | | 1 | | |
| HC056 | 1 | | | 1 | | |
| HC044 | 1 | | | 1 | | |
| HC070 | 1 | | | 1 | | |
| HC024 | 3 | As | 受冶炼厂污染 | 1 | | |
| HC039 | 3 | As | 受砒霜厂污染 | 3 | As、Cd | 受砒霜厂污染 |
| HC032 | 3 | NO$_3^-$ | 受农业和生活面源污染影响 | 1 | | |
| HC058 | 1 | | | 3 | 四氯乙烯 | 受冶炼厂影响 |
| HC088 | 1 | | | 3 | As、Cd | 受冶炼厂污染 |

从评价结果可以看出，研究区地下水总体处于恶化趋势，以 1 级未污染水为主（丰水期和枯水期 1 级水均占 75%），局部受到中度污染（丰水期和枯水期 3 级水均占 25%）。

### 5.1.3.4 区域地下水污染影响指标分析

调查评价表明，研究区污染因子主要为 As 和 Cd，偶有氮和有机污染物（四氯乙烯）出现。主要污染原因有 2 个：硝酸盐氮污染主要是由农业和生活面源污染引起，As、Cd 污染主要是由冶炼厂等工业污染引起。

下伦抽水站（HC024）的污染源自 2008 年 9 月，某 A 号冶炼公司生产区污水处理池内的含砷废水因 9 月 25 日的大雨溢出外泄，进入周边水塘及洼地低洼处，大部分废水通过地表沟渠经落水洞进入地下河中，部分通过土层渗入地下水中；尽管该公司已停产，但未完全清理的尾渣、废料等仍堆积在厂内山脚（图 5.26、图 5.27），每逢降雨形成的尾渣淋滤水就会随坡面流经落水洞进入地下河中，造成下游地下河水的季节性污染（As 0.008~0.023mg/L，Mn 0.03~0.18mg/L）。

图 5.26　厂区状况　　　　　　图 5.27　厂区废渣堆放状况

人民厂泉（HC088）水质主要受到某 B 号冶炼公司排污影响。该公司废渣堆场为无任何防渗措施的露天堆场（图 5.28），其淋滤液被部分收集后进入废水处理池与厂区工业污水一同进行简单处理后通过排污沟排入厂区西南侧的水塘。因排污沟为简单衬砌沟渠，废水沿沟渠渗漏，通过溶缝渗入地下并污染人民厂泉，导致泉水一直受到 As（0.02mg/L）和 Cd（0.043mg/L）污染。

城东水厂取水口（HC039）是河池岜片地下河出口处的一个天窗。1995 年 9 月 3 日白尾砒霜厂尾矿库破损导致大量含高浓度 As、Cd 的有毒废水渗入地下，污染岜片地下河，城东水厂因本次污染事故被迫废弃。2012 年调查时发现，城东水厂地下水中 Cd 和 As 浓度分别为 0.0087mg/L、0.086mg/L，仍超过相关标准限值；

图 5.28　某 B 号冶炼公司废渣堆场

表明岜片地下河仍然受到污染，尤其是降雨期间污染程度显著升高。详细情况将在后面的典型污染场地分析中论述。

　　河池市金城江工业集中区主要为 Pb、Sb、Zn、In 等的综合冶炼，其排放的废渣、废水中主要污染组分为 Pb、As、Cd。因环保措施落后和管理失控，河池市二十多年来发生了十余起水污染事故，其中影响较大的有：1995 年 9 月白尾砒霜厂 As 污染，导致城东水厂被废弃（图 5.29、图 5.30）；1999 年 3 月，某 C 号化工集团超标排放含亚硝酸盐废水污染龙江，龙江水倒灌致使城北水厂受到严重污染；2001 年 6 月，河池大环江河河上游遭遇暴雨，30 多家选矿企业的尾矿库被冲垮，历年沉积的废矿渣随洪水淹没两岸；2008 年 9 月，某 D 号冶金化工分公司含 As 废水外溢，致下伦供水站周边 450 多人 As 中毒；2012 年龙江 Cd 污染事件更是影响到了下游 150km 的供水。可见，河池市有色金属选冶对区内地下水水质影响严重。

图 5.29　河池市白尾砒霜厂废渣池

图 5.30　被废弃的城东水厂

## 5.1.4 地下水防污性能评价

为合理利用土地、有效保护地下水资源，防止地下水污染，开展地下水系统天然防污性能评价，并进行地下水系统防污性能分级分区，为各级政府在土地利用和地下水保护的决策和规划提供合理建议。

### 5.1.4.1 评价模型选择

根据研究区自然地理、地质环境条件，按照《地下水污染调查评价规范》和《岩溶地下水防污性能评价技术方法》的相关要求，结合研究区实际情况及可操作性等因素，采用 PLEIK 模型对研究区进行防污性能评价。

具体工作程序为：野外调查和资料收集（水文地质资料、钻孔资料等）→建立评分体系和权重体系→计算评分指标值→防污性能区域划分→绘制防污性能分级图。

### 5.1.4.2 评价指标与定额

1）保护性盖层厚度
研究区内以碳酸盐岩为主，出露地层主要是泥盆系、石炭系和二叠系（表 5.14）。

**表 5.14 地层系统简表**

| 界 | 系/统 | | 地层名称及代号 | | 主要岩性 | 厚度/m |
|---|---|---|---|---|---|---|
| 新生界 | 第四系 | 全新统 | $Q_h$ | | 黏质砂土、细砂、砾石层 | 2～6 |
| | | 更新统 | $Q_p$ | | 亚黏土、亚砂土、坡残积层 | 6.5～18.4 |
| 上古生界 | 二叠系 | 上统 | 大隆组 $P_2d$ | | 页岩夹硅质岩 | <51～164 |
| | | | 合山组 $P_2h$ | | 燧石灰岩夹煤层，底部为铁铝岩 | |
| | | 下统 | 茅口组 $P_1m$ | | 灰岩 | <54～705 |
| | | | 栖霞组 $P_1q$ | | 灰岩 | 298 |
| | 石炭系 | 上统 | 马平组 $C_3m$ | | 灰岩 | 316～344 |
| | | 中统 | $C_2$ | | 灰岩、白云岩 | 211～895 |
| | | 下统 | 大塘阶 $C_2d$ | 寺门组 $C_1d^2$ | 煤层 | 38～181 |
| | | | | 黄金组 $C_1d^1$ | 灰岩、砂岩、页岩 | 28～280 |
| | 泥盆系 | 上统 | 榴江组 $D_3l$ | | 灰岩、硅质岩 | 262～590 |

　　根据区域地质资料和野外调查情况，研究区内以裸露型岩溶区为主，覆盖层（风化残积层）极薄；全新统残坡积、冲洪积主要分布在山间谷地、洼地底部。调查显示，研究区内土层厚度小于20cm的地区主要分布于坡度大于15°的山坡和山顶区；土层厚度20~100cm的地区主要分布于坡度5°~15°的缓坡、山间谷地；土层厚度100~150cm的地区主要分布于坡度小于5°的安宁河谷等谷地区；土层厚度大于150cm的地区主要分布在山前地带。

　　土壤的其他属性分区借助地质图，在地质图中提取不同出露地层土壤分类，再将几个图层叠加，最终生成保护性盖层厚度分级图（图5.31）。

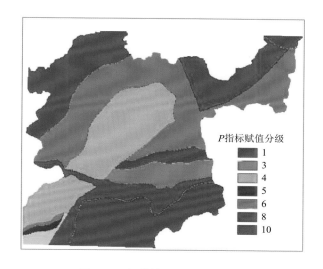

P指标赋值分级
1
3
4
5
6
8
10

图 5.31　保护性盖层厚度分级图

　　2）土地类型与利用程度

　　根据土地类型与利用现状分区，研究区可分为林地、草地、园地、耕地、裸地、村镇及工矿用地等。由研究区土地利用现状，根据 L 因子取值规定得到 L 指标赋值。

　　具体工作步骤为：将搜集到的土地利用图，分别提取出林地、草地、园地、耕地、裸地和村镇及工矿用地，最后进行图层的重分类与赋值，生成土地类型与利用程度分级图（图5.32）。

　　3）表层岩溶带发育强度

　　研究区为裸露型岩溶区，受气候、地形、水动力条件等影响，表层岩溶带较发育。根据区域地质图中的出露地层岩组类型（表5.14），对表层岩溶带发育强度进行分级，最后获得表层岩溶带发育强度分级图（图5.33）。

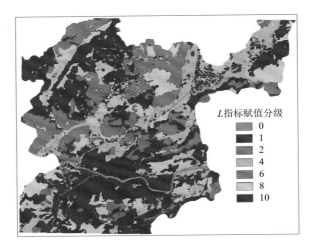

图 5.32　土地类型与利用程度分级图

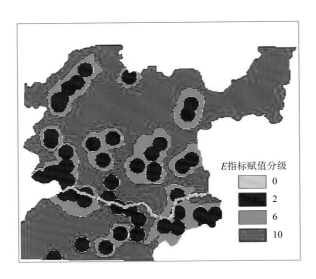

图 5.33　表层岩溶带发育强度分级图

　　表层岩溶带主要通过野外调查获得，由于所调查的研究区范围主要在城区及近郊区地带，人为因素影响较大。由于岩溶峰丛区落水洞存在汇水区，人为处理的缓冲区需要汇水区作为限制条件，故在落水洞缓冲区做汇水区的圈划，将其转换成栅格数据进行属性赋值；在赋值过程中，将汇水区内的缓冲区赋值为2，汇水区内的非缓冲区赋值为 6，汇水区外赋值为 10，由于金城江的存在，故将其赋值为 0。

　　4）补给类型

　　调查显示，研究区内既存在点状集中入渗补给的落水洞、竖井、岩溶漏斗等，也有分散的面状补给。

　　补给类型主要通过野外调查获得。以落水洞中心点为圆心，以 500m 作为缓冲区一级半径，以 1000m 作为缓冲区二级半径。地下水的补给都有相对的汇水区域，人为处理的缓冲区需汇水区作为限制条件，故在落水洞缓冲区做汇水区的圈划；同时根据土地利用图，分别提取向落水洞汇流坡度≥10°的耕作区和坡度≥25°的草地区，以及汇流坡度＜10°的耕作区和坡度＜25°的草地区，分别如图 5.34 和图 5.35 所示，将落水洞缓冲汇水区与坡度图层叠加，得到补给类型最终成果图（图 5.36）。

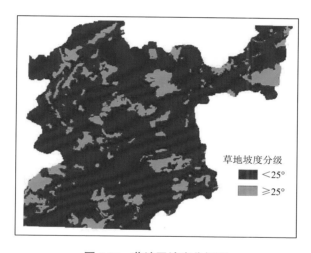

图 5.34　草地区坡度分级图

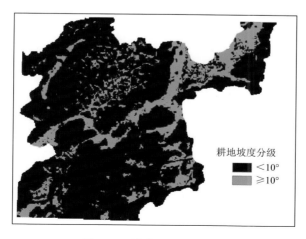

图 5.35　耕地区坡度分级图

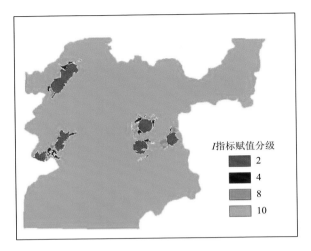

图 5.36　补给类型分级图

5）岩溶网络发育程度

因研究区地下河强烈发育且研究区面积较小，地下水径流模数不是很适合在小区域内作为评价参数（但仍可作为参考标准）；本次评价主要考虑地下河管道发育与分布情况。

将目前存在网络发育地下河管道周围 200m 作为强烈发育区，选择 200m 是参考钻探成果资料和岩溶发育带宽度统计数据。将其 200～1000m 范围作为岩溶网络中等发育区，1000～2000m 范围作为岩溶网络弱发育区；其余作为岩溶网络不发育区。通过属性划分与分级，最终得到岩溶网络发育程度图（图 5.37）。

图 5.37　岩溶网络发育程度图

### 5.1.4.3 计算方法

为定量评价地下水系统防污性能大小，需要对 PLEIK 模型各因子进行数值计算，主要包括两个部分：权重赋值确定与指标等级划分。计算方法见式（4.8）。

根据研究区特点分析，认为影响地下水系统防污性能的主要因素是 $P$ 和 $I$，因为区内地形高差大；其次是 $L$ 和 $K$ 因子；而中高山区 $E$ 表层岩溶带大部分都不是很发育，影响程度反而降低。采用层次分析法求得各值权重：

$$W = (W_1, W_2, W_3, W_4, W_5) = (0.201, 0.157, 0.288, 0.245, 0.109)$$

根据权重值计算 DI 值，最终划分防污性能等级（表 5.15）。

**表 5.15 权重值及 DI 值分级统计表**

| DI 值 | 1≤DI≤2 | 2<DI≤4 | 4<DI≤6 | 6<DI≤8 | 8<DI≤10 |
|---|---|---|---|---|---|
| 分级 | 防护性能差 | 防护性能较差 | 防护性能中等 | 防护性能较好 | 防护性能好 |
| | 极易污染 | 较易污染 | 稍难污染 | 较难污染 | 极难污染 |

### 5.1.4.4 评价结果

研究区为裸露的峰丛岩溶区，以纯碳酸盐岩为主，表层岩溶带发育；局部分布有非岩溶区，且有地面被硬化的城区。

通过模糊分析法确定各指标权重系数，将各指标按权重系数相乘并相加得到最终图件，在 GIS 中将上述生成的图 5.31～图 5.37 在 ArcGIS 中叠加，根据计算值划分为五个等级，并将地下水系统防污性能分为 5 个区（图 5.38）。

总体上，研究区地下水系统防污性能较好，局部防污性能差。极易污染区（防护性能差）占 0.04%，主要分布在落水洞、天窗、溶潭等密集分布区。

防护性能较差的较易污染占 5.12%，主要分布在地下河管道沿线 200m 范围之内（不包括落水洞等）。区域上主要包括城南岩溶地下水系统西侧和城北岩溶地下水系统东侧，包括城西水厂在内。防护性能中等的稍难污染区占 26.57%，主要分布在地下河管道沿线超过 200m 之外的大部分岩溶中等发育区。防护性能较好的较难污染区占 50.37%，主要分布在地表有一定厚度覆盖层的沟谷地带和碳酸盐岩夹碎屑岩的岩溶弱发育区，尤其是地面被硬化的主城区。防护性能好的极难污染区占 17.9%，主要分布在远离地下河的岩溶弱发育区和非岩溶区。

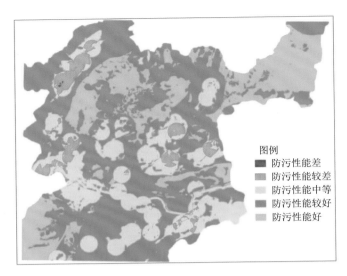

**图 5.38  河池市地下水系统防污性能评价分区**

研究区包括整个河池市中心城区、近郊区及部分农村地区。从图 5.38 中可以看出，中心城区主要属于稍难污染区和较难污染区；近郊区部分落水洞周围基本属于较易污染区；当地农村居民居住比较零散，峰丛地貌区、山区较多，在偏远山区植被覆盖较茂密区防污性能大，不易被污染，图中显示为极难污染区，与实际情况基本相符。

### 5.1.4.5  岩溶水系统防污性能与水污染关系分析

作为有色金属冶炼区，研究区地下水质量较好，仅局部出现地下水污染。究其原因，岩溶水系统污染与污染源位置、含水介质结构复杂性及地下水循环速度快有关。

研究区内分布有 15 家大型的有色金属冶炼厂及其废渣堆场，但因大部分企业分布在龙江两岸，对地下水的影响有限，主要影响地表水，导致龙江水质常受到As、Cd 等污染。此外，有部分冶炼厂分布在岩溶欠发育且有一定厚度的坡残积层分布的溶丘区（防污性能中等—较好区），因没有大型溶蚀裂缝发育（地表和地下连通性不好）且包气带厚度大，只有在降雨情况下才会发生淋滤液污染浅层地下水，再加上坡残积层具有较好的防污性能，冶炼厂对地下水的污染基本上可以控制在场区周边一定范围内。

研究区含水介质结构复杂，尤其是在地下河发育地区；在水土流失过程中，泥沙常随地表坡面流沿宽大溶缝进入地下并淤积在网状分布的溶缝和凹凸不平的地下河管道内。淤积的泥沙粒含量高，截污能力强，可有效降低污染物对地下水的污染程度。但随着污染物在淤积层中长期、大量的累积，淤积层会变成次生污染源，并随水动力条件变化缓慢地向地下水释放污染物，尽管含量较低，但对地下水环境造成的影响是长久的。这种情况在岜片地下河中表现较明显。

研究区分布产状较平缓的厚层灰岩，表层岩溶带发育，表现为宽大溶缝和地下河管道连通性极好、地下河管道畅通；加上研究区降雨相对集中、暴雨多的气象条件，大气降水—地表水—地下水转化迅速，地下水流速较快。根据示踪试验获得的数据，区内 5 条地下河的视流速达到 38～75m/h，枯水期流速较小，暴雨期流速最大可达 225m/h。脉冲式的污染方式和快速地水交替，使得污染物得以快速地随地下河水排出，从而表现出地下河水质良好的现象。

此外，污染源在地下河系统内的位置也决定了地下河的污染范围。污染源位于补给区时，可以污染整条地下河；如果地下河管道长且水量较大，也可能因稀释效应下游段地下河水质并未受到明显影响。位于下游的污染源只能使污染源所在地下河下游的水体受到影响。污染源位于支管道附近时，可能会对主管道水产生影响，也可能因稀释效应，污染物在到达主管道时浓度就已经大幅降低而对主管道水不产生明显影响。污染源远离地下河管道，位于岩溶欠发育的地区时，其对地下水的影响一般局限于污染源附近。在调查中经常发现，即使存在明显污染源且有污染物入渗，地下河水质也没有受到明显影响的特殊情况。

可见，受多种复杂因素的共同影响，地下河系统污染情况也是复杂多变的，这就要求对岩溶地下水系统防污性能评价和防治区划时必须综合考虑各种影响因素，以免防治区划过大造成浪费或过小而达不到防治的目的。

## 5.1.5  地下水污染风险评价

根据污染源负荷、防污性能和地下水开发利用规模，计算地下水污染风险指数，绘制地下水污染风险评价图。

### 5.1.5.1  评价方法

采用《区域地下水污染调查评价规范》（DZT 0288—2015）推荐的评价方法开展地下水污染风险评价，主要思路为：根据地下水系统防污性能评价结果，结合地下水污染荷载评价和地下水利用价值，最终确定地下水污染风险等级（图 5.39）。具体工作方法详见生态环境部环境规划院编制的《地下水污染防治区划分工作指南（试行）》（2019 年发布）。

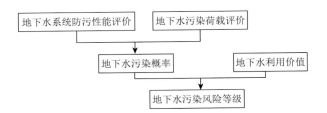

**图 5.39　地下水污染风险等级评价流程**

地下水污染风险包含两个方面：①地下水系统遭受污染的危险性，可用地下水系统天然防污性能和外界胁迫来表征，天然防污性能反映含水层固有抵御污染的能力，外界胁迫反映人类活动产生的污染负荷影响；②地下水价值水平，表征污染受体地下水资源预期损害性。将二者结合起来便可得到地下水污染的风险评价结果。

#### 5.1.5.2　污染荷载计算

本次调查显示，研究区内主要存在 4 类污染源，即工业、危险废物、加油站、农业；不存在矿山开采、垃圾填埋场、高尔夫球场等污染源。

污染荷载计算以地下河系统为单元，将研究区划分成 5 个大型评价单元；再按上中下游，分别将每个地下河系统划分为 3 部分，共 15 个自然评价单元；将污染源投影到 15 个自然评价单元并计算每个评价单元中污染荷载综合指数。依据各网格点计算结果得出污染荷载等级图。污染荷载综合指数计算公式：

$$R = A_r A_w + B_r B_w + C_r C_w + D_r D_w \tag{5.1}$$

式中：$R$ 为污染荷载综合指数；$r$ 为指标评分等级；$w$ 为指标权重。$R$ 值越大，表明污染荷载越大（表 5.16）。

**表 5.16　污染荷载指标权重表**

| 评估因子 | 工业 | 危险废物 | 加油站 | 农业 |
|---|---|---|---|---|
| 权重 | 5 | 2 | 3 | 4 |

#### 5.1.5.3　地下水利用价值分级

地下水利用价值根据水量、水质确定。具体水量按地下水系统确定，水质按照地下水质量标准分级确定。

岩溶水是研究区的主要供水水源，4 个集中供水水源地均以地下河为水源；

而且，除了被废弃的城东水厂所在的岜片地下河子系统和马道地下河子系统下伦段为V类水外，研究区内其他地区地下水大部分为III类，部分点达到II类。可见，岩溶水是本区主要含水层系统；据此，可将含水层系统及其地下水质量进行分类，并得到最终的地下水利用价值（表5.17）。

**表5.17 地下水利用价值**

| 地下水系统 | 含水层分类 | | | 地下水质量分类 | | 地下水利用价值 |
|---|---|---|---|---|---|---|
| | 含水层性质 | 数值划分 | 性质划分 | 数值划分 | 性质划分 | |
| 肯冲地下河 | 主要含水层系统 | 8 | 高 | 8 | 中 | 中 |
| 加祥地下河 | 主要含水层系统 | 8 | 高 | 9 | 高 | 高 |
| 城北水厂地下河 | 主要含水层系统 | 8 | 高 | 9 | 高 | 高 |
| 马道地下河中上游段 | 主要含水层系统 | 8 | 高 | 9 | 高 | 高 |
| 马道地下河下伦段 | 主要含水层系统 | 8 | 高 | 2 | 中 | 中 |
| 岜片地下河 | 主要含水层系统 | 8 | 高 | 1 | 低 | 低 |

#### 5.1.5.4 地下水污染风险评价划分

按照上述评价方法，利用式（5.1），最后得到地下水污染风险评价图（表5.18、图5.40）。

**表5.18 污染风险评价分区表**

| 风险评估分区 | 面积/km² | 占研究区面积/% |
|---|---|---|
| 污染风险轻度区 | 41.81 | 28.10 |
| 污染风险较轻区 | 43.49 | 29.24 |
| 污染风险中度区 | 55.67 | 37.42 |
| 污染风险较重区 | 5.87 | 3.95 |
| 污染风险重度区 | 1.92 | 1.29 |
| 合计 | 148.76 | 100 |

根据评价结果，污染风险轻度区主要分布在人类活动弱的常态山区（岩溶发育较弱），占研究区面积28.10%；该区地下水系统的天然防污性能好，基本没有污染源分布，地下水质量基本保持在天然背景值内，水质良好。

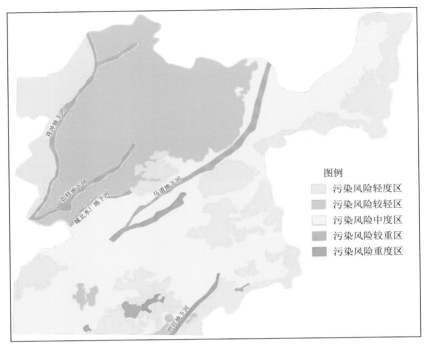

**图 5.40    河池市地下水污染风险评价图**

　　污染风险较轻区主要分布在研究区西北部（马道地下河与肯冲地下河之间），占研究区面积 29.24%；区内地下水系统的天然防污性能较好—中等，人类活动较弱，局部分布有农业区，污染源单一且污染强度小，地下水水质较好。

　　污染风险中度区主要分布在研究区中西部和东北部，占研究区面积 37.42%；主要为沟谷地带，分布有一定厚度的第四系冲洪积和坡残积层，天然防污性能中等，以农业和生活面源污染为主，地下水质量在雨季可能有极个别指标（主要是氮）偶有超标情况出现。另外，地表河龙江和地面被硬化的主城区、开发区等地区亦作为污染风险中度区。

　　污染风险较重区主要分布在研究区北部地下河管道沿线，占研究区面积 3.95%；为防污性能较差的地区，且周边分布有较多的污染源。

　　污染风险重度区主要分布在岜片地下河子系统、马道地下河子系统下伦段，以及人民厂和几个大中型冶炼厂区，占研究区面积 1.29%；主要为防污性能较差的岩溶发育区，区内分布有大中型废渣堆场，地下水已经受到了严重污染。

## 5.1.6　地下水污染防治区划

　　为更好地保护地下水资源，在综合分析研究区水文地质条件、地下水资源分布与开发利用程度、地下水质量与污染现状以及地下水系统防污性能的基础上，参考土地利用、污染源分布及社会经济发展，开展了河池市研究区地下水污染防治分区，并提出了防治建议。划分结果可为制定和实施河池市地下水污染防治规划提供科学依据。

### 5.1.6.1　划分原则

根据《区域地下水污染调查评价规范》（DZ/T 0288—2015）和区域地下水污染调查评价技术要求，将地下水污染防治区划分为三个等级：治理区、防控区、一般保护区。各指标含义如下。

（1）治理区：有明确污染源，地下水污染严重，需修复治理的区域。

（2）防控区：重要地下水水源地及其保护区，地下水资源需求强，潜在污染源多或较多区域。

（3）一般保护区：地下水水质变化不明显或天然水质较差，地下水资源需求一般，有少量潜在污染源的区域。

### 5.1.6.2　划分方法

根据地下水污染风险评价结果，并叠加地下水污染评价分区结果，将地下水污染防治区划分为一般保护区、防控区、治理区。利用矩阵法将地下水污染风险和污染现状组成地下水污染防治区划矩阵（表 5.19）。一般情况下，地下水饮用水水源补给径流区和保护区范围内在污染现状评价中发现污染的即认定为治理区，未污染的区域为防控区。

**表 5.19　地下水污染防治区划矩阵图**

| 污染区划 | | 污染现状 | | | | |
|---|---|---|---|---|---|---|
| | | 低 | 较低 | 中等 | 较高 | 高 |
| 污染风险 | 重度 | 防控区 | 防控区 | 治理区 | 治理区 | 治理区 |
| | 较重 | 防控区 | 防控区 | 防控区 | 治理区 | 治理区 |
| | 中度 | 一般保护区 | 防控区 | 防控区 | 防控区 | 治理区 |
| | 较轻 | 一般保护区 | 一般保护区 | 防控区 | 防控区 | 防控区 |
| | 轻度 | 一般保护区 | 一般保护区 | 保护区 | 防控区 | 防控区 |

针对集中式地下水供水水源地，在防控区划分时，根据岩溶区特点，只划分优先防控区（即水源地一级保护区）和一般防控区（即水源地准保护区）。治理区则细划为优先治理区、重点治理区和一般治理区。

### 5.1.6.3 地下水污染防治划分结果分析

根据地下水污染防治区划分方法，按照上述原则，编制了河池市地下水污染防治区划图（图 5.41）。将研究区划分为保护区、防控区、治理区（表 5.20）。

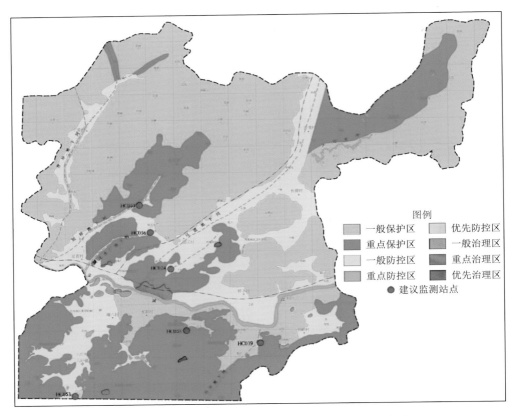

图 5.41 河池市地下水污染防治区划分区及监测网点布设

表 5.20 地下水污染防治区划简表

| 一级区划 | 二级区划 | 面积/km² | 占研究区面积/% | 工程措施与对策建议 |
|---|---|---|---|---|
| 保护区 | 重点保护区 | 44.54 | 29.94 | 严格执行环境影响评价政策，做好相应的地下水污染防渗措施等。可在防控值较低、条件较好的防控区内新建建设项目 |
| | 一般保护区 | 73.32 | 49.29 | 严格执行环境影响评价政策，做好相应的地下水污染防渗措施等。可在防控值较低、条件较好的防控区内新建建设项目 |
| 防控区 | 优先防控区 | 1.01 | 0.68 | 依据国家和地方有关法律严格保护，禁止在饮用水水源一级保护区内新建、改建、扩建与供水设施和保护水源无关的建设项目；已建成的与供水设施和保护水源无关的建设项目，由县级以上人民政府责令拆除或者 |

续表

| 一级区划 | 二级区划 | 面积/km² | 占研究区面积/% | 工程措施与对策建议 |
|---|---|---|---|---|
| 防控区 | 优先防控区 | 1.01 | 0.68 | 关闭。禁止在饮用水水源一级保护区内从事网箱养殖、旅游、游泳、垂钓或者其他可能污染饮用水水体的活动。一级保护区物理隔离设施覆盖率100%。监测频次建议每月开展1次常规指标监测,每年开展1次水质全分析 |
| | 重点防控区 | 1.36 | 0.91 | 严格控制龙江非汛期水位不超预定警戒水位且水质达标,确保各水源地在正常取水情况下龙江水不会倒灌水源地,影响地下河水质 |
| | 一般防控区 | 27.38 | 18.40 | 禁止在饮用水水源准保护区内新建、扩建对水体污染严重的建设项目;改建建设项目,不得增加排污量。禁止建设城市垃圾、粪便和易溶、有毒有害废物的堆放场所,因特殊需要建立转运站的必须经有关部门批准并采取防渗漏措施;化工原料、矿物油类及有毒有害矿产品的堆放场所必须有防雨、防渗措施;不得使用不符合《农田灌溉水质标准》(GB 5084—2021)的污水进行灌溉 |
| 治理区 | 优先治理区 | 0.083 | 0.06 | 取缔违法建设项目和活动,优先开展地下水污染修复工作,以饮用水水源地和特殊使用功能区为中心分区块开展详细调查,制定修复目标,启动地下水污染修复工作 |
| | 重点治理区 | 0.623 | 0.42 | 加大整治、搬迁和关闭地下水系统内威胁农业用水的重点污染源,严厉打击违法排污行为。污水灌区宜布置在防渗条件较好的厚土层区,并严格控制灌溉定额和采取防渗措施。对大量使用农药、化肥的耕地,严格控制使用量。对废渣、矿渣及城市垃圾的堆放须经过调查研究,选择合理的地点。进行修复评估工作,以井灌供水区为中心分区块开展详细调查,制定修复目标,启动地下水污染修复工作 |
| | 一般治理区 | 0.449 | 0.30 | 强化重点水环境污染治理区的综合整治,整治区域内石化、电镀、印染、制革等重污染型产业,加大截污管网和污水集中处理设施建设力度;加大畜禽养殖和面源污染治理力度,划定畜禽禁养区。结合有关规划,及时关闭区域内不符合地下水污染区划和产业布局要求的污染企业;加快推进污水处理设施及配套管网建设。逐步开展地下水污染修复工作,根据土地功能和地下水污染途径,制定修复目标,筛选修复技术,推进典型污染企业的修复示范工程 |

根据区划结果,优先治理区主要为金河矿业渣场和金海冶金化工污染场地,总面积约 0.083km²,占研究区面积的 0.06%;因岜片地下河子系统白尾村一带的 As 污染场地不在本图幅范围内,只是作为污染场地开展过后期的重点调查,因此,本次调查研究区优先治理区仍然包括白尾砒霜厂污染场地,但不在区划图上表达。重点治理区五吉锑冶炼厂渣场、宝来冶炼厂渣场、南方有色冶炼厂渣场等,总面积为 0.623km²,占研究区面积的 0.42%。一般治理区主要为零星分布的废渣场(如金城江水泥厂露天煤场、足直废渣场等)及生活垃圾堆放场、养殖场等,总面积为 0.449km²,占研究区面积的 0.3%。

防控区位于各集中式地下水水源地取水口上游和下游,沿地下河主管道呈条带状分布,总面积约 29.75km²。其中,优先防控区面积约 1.01km²,占研究区面积的 0.68%,范围以水源地所在的取水口为起点,沿地下河主管道上溯 3000～

5000m 设定（即水源地一级保护区），宽度则沿地下河主管道向两侧各延伸 100m 水平距离；同时根据取水口降落漏斗大小，对取水口下游 200~500m 范围亦设定为优先防控区。落水洞等污染物极易进入地下的负地形区而设置为优先防控区，范围为负地形所处的第一地形分水岭或落水洞周边 200m 水平距离（不足 200m 的，以第一地形分水岭为界）。优先防控区以外，距地下河管道（包括主管道和支管道）两侧 100~500m 的区域划分为一般防控区（即水源地准保护区）；同时，对谷地农业分布区，可能会遭受农药和化肥的潜在污染，且这些地区也是农村分散供水和农业用水区，亦划为一般防控区，面积约 27.38km$^2$，占研究区面积的 18.40%。因龙江下游修建有水坝，蓄水时会抬升龙江河水位，一旦肯冲水厂等水源地取水能力超过一定限度后将可能引发河水倒灌地下河，对水源地水质产生明显影响；为此，将龙江划分为重点防控区，面积约 1.36km$^2$，占研究区面积的 0.91%。

保护区分布在研究区大部分地区，包括除治理区和防控区之外的全部地区，总面积约 117.86km$^2$，占研究区面积的 79.23%；属于地下水水质变化不明显、防污性能中等—较好的补给径流区。根据当地地下水重要性划分为一般保护区和重点保护区。重点保护区主要包括地下水水源地所在的地下水系统保护区外围 2~3km 的防污性能中等—较差的补给区，面积约 44.54km$^2$，占研究区面积的 29.94%。一般保护区包括城区、人类活动较弱且防污性能中等—较好的补给径流区，面积约 73.32km$^2$，占研究区面积的 49.29%。

## 5.1.7 岜片地下河 As 污染特征分析

1995 年 9 月，河池白尾砒霜厂因大雨引发溃坝事情，废水和废渣淋滤液溢散造成岜片地下河水严重污染，导致 3000 余人 As 中毒，城东水厂水源地被迫废弃。20 多年过去了，岜片地下河中 As 仍然时有超标。针对地下河的持续污染，开展了污染场地调查，基本查明了污染源分布和地下河污染状况，初步阐明了污染物在地下河子系统内的迁移过程，可为岜片地下河 As 污染方案制定提供科学依据。

### 5.1.7.1 岜片地下河概况

岜片地下河发育于中石炭统中厚层白云岩和灰岩内，源于白尾村一带；龙友断裂以西为补给区，地下水主要沿裂隙及层面运移；在白尾村沿一组北东向张扭断层发育成地下河，经下江、后背峒后受龙江排泄基准面制约，转往香炉、岜片于百旺村龙江河底溢出，长约 6.7km，主要支流包括：则洞支流、香炉支流（图 5.42）。岜片地下河南部边界在可竹—水岗以北，西部边界为水洞至那龙水库以东的地表分水岭，东部边界在花利峒—磨石峒—干空一带，北部以龙江为界，总汇水面积约 15km²。地势整体南高北低,地下水自南西向北东径流,最终排泄至龙江。

城东水厂水源地建于距岜片地下河出口约 300m 的溶潭上,曾是河池市重要的供水水厂,1981 年 6 月建成投产,日供水能力达 1 万 m³。历史上,城东水厂水源地属于优质的饮用水,均达到地下水Ⅲ类水质标准。

白尾砒霜厂位于岜片地下河补给区内的一峰丛山腰处,1995 年污染事故发生后,白尾砒霜厂被关停,其残留的尾渣采用水泥罐就地封存;后因高速公路建设需要,尾渣被转移到南侧约 300m 处的新水泥罐内封存。

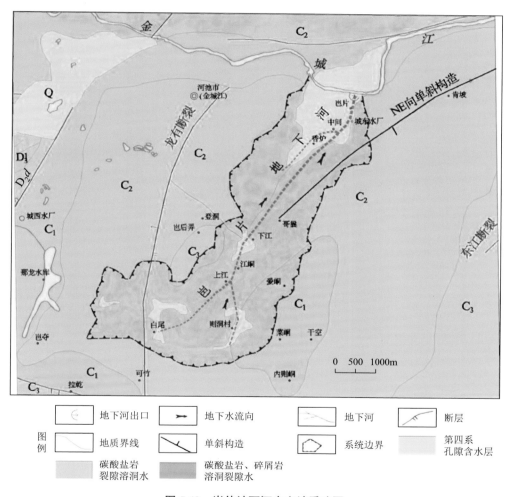

**图 5.42 岜片地下河水文地质略图**

D₂d 为中泥盆统东岗岭组

#### 5.1.7.2 污染场地 As 空间分布特征

根据砒霜厂尾矿库新、旧址的位置及研究区内地貌特征和水流特征，沿尾矿库周边及下游布设了 10 个土样采集点（图 5.43），并在其中 8 个土样采集点的垂直方向进行不同深度的 As 含量监测。结果显示，在原废渣堆场的 HCbp-1T、HCbp-2T 地表以下 60～130cm 呈现出 As 含量超标的现象，并且由地表至地下土壤中 As 的含量随着深度的增加而增大（图 5.44）。HCbp-2T 取样点位于 HCbp-1T 取样点下游的位置，在地表以下 300cm 才出现土壤 As 含量超标，且超标倍数高达 3.3 倍，土壤中 As 的含量也呈现出随着深度的增加而增大这一规律。

图 5.43　污染源图样采集分布图

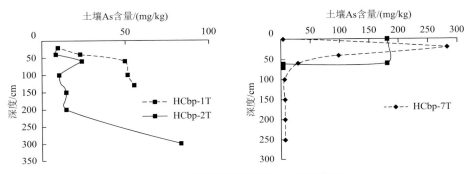

图 5.44　不同位置土壤垂向 As 含量分布

　　位于砒霜厂旧储蓄池处的 HCbp-7T、HCbp-9T 采样点中 As 超标倍数最高，其在地表以下 20cm 范围内 As 的含量分别达到 283mg/kg、181mg/kg，超标倍数分别为 9.4 倍和 4.5 倍；但高含量 As 污染物主要集中在地表以下 60cm 范围内。该现象说明废渣在移走之前由于降雨的作用将废渣中的 As 污染物带入地表以下一定深度滞留，形成相对稳定的次生污染源。因此，尽管废渣已经被移走，在地下滞留的 As 污染物仍然能对地下水造成污染风险。

　　在污染场地垂向上表现出浅部土层 As 含量低于深部土层 As 含量；这是因为污染源已经移去，表层土内的 As 因降水淋滤作用而逐渐减少，并逐渐向深部运移，导致下部土层 As 含量因不断积累而增大（因土层深部表现为还原环境，$As^{5+}$多转化为 $As^{3+}$，而 $As^{3+}$ 的迁移能力显著下降而不断在深部土层中积累）。

### 5.1.7.3　芭片地下河中 As 浓度动态变化特征及其对大气降水的响应

#### 1）地下河中 As 浓度动态变化特征

　　对芭片地下河 HCbp-4D 和 HCbp-4S 两个采样点的 As 浓度监测显示（图 5.45），处于上游的 HCbp-4D 在 8 月 22 日下午、24～26 日以及 27 日傍晚地下水中 As 的浓度明显升高；处于地下河排泄区的 HCbp-4S 在 8 月 22 日傍晚、24～26 日以及 28 日清晨地下水中 As 的浓度也具有明显升高这一特征，并且处于下游的地下水中 As 的浓度远大于上游监测点。根据对比分析，处于下游的 HCbp-4S 的 As 浓度动态变化相对于上游的 HCbp-4D 滞后时间在 6h 以内，且整体上 As 浓度动态变化

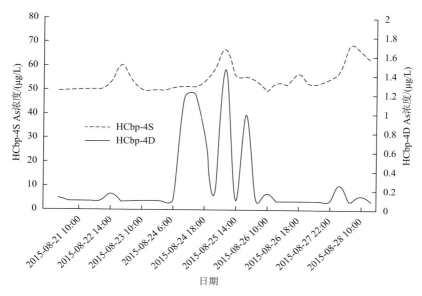

**图 5.45　HCbp-4S、HCbp-4D 不同时段 As 浓度变化图**

时间段拟合度极高。通过实地调查当地降雨情况了解到，河池市在 22 日和 27 日皆有短时间阵雨，24～26 日出现较大降雨。

2）岜片地下河中 As 浓度对大气降水的响应

根据岜片地下河 As 浓度变化特征分析，地下河中的 As 浓度变化对大气降水的响应明显，且在径流区上游和排泄区 As 浓度动态变化特征一致，在时间上仅存在滞后现象。说明补给区的砒霜废渣受到降水淋滤作用，将 As 污染物带入地下水使下游地下水中的 As 浓度明显上升。同时，随着污染物的积累致使下游区域地下水中的 As 浓度增大。该结论进一步论证补给区砒霜厂废渣作为岜片地下河 As 污染源，在大气降水的情况下，通过裂隙及溶蚀管道进入地下水，造成岜片地下河的 As 浓度超标。

### 5.1.7.4　As 迁移途径分析

综合 As 在补给区土层中的分布特征及地下河中 As 浓度动态变化分析得到 As 在整个岜片地下河中的迁移途径。

白尾砒霜厂位于岜片地下河的补给区，原厂房附近山坡第四系覆盖层由坡残积砂质黏土组成，厚 1～10m 不等，覆盖层下部为残积的黏土层，上部为坡积的砂质层，覆盖层之下的表层岩溶带极为发育，有利于大气降水入渗在岩土界面形成地下径流对下游进行补给。降雨对污染区淋滤产生的 As 淋滤液在污染源冲沟汇集，As 污染物在水流的作用下沿着水-土岩界面向下游的白尾村方向流去（图 5.46）。

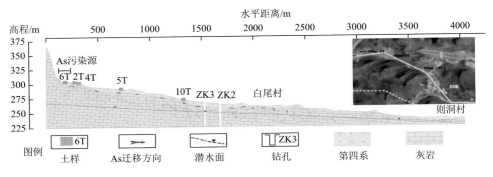

图 5.46　As 污染物迁移示意图

As 污染物迁移至白尾村—则洞村一带，沟底为砾砂堆积，山口处沟底基岩裸露，底部存在着消水洞或消水通道。这种堆积环境十分有利于地表水下渗，并通过岩溶裂隙或层面补给地下河。砂砾层 As 含量随深度增加而递增，因此大部分含 As 地下水在白尾村—则洞村一带消入地下，进入地下河管道向排泄区方向径流，经上江、下江转至城东水厂，最终排入龙江（金城江），导致下游地下河中的 As 浓度发生变化，对岜片地下河及地表水龙江造成污染，同时使位于中间的城东水厂遭受污染而废弃。

##### 5.1.7.5 岜片地下河 As 污染场地自然净化时间预测

**1）预测模型参数确定**

岜片地下河补给区的 As 污染物的产生及迁移主要由大气降水对砒霜废渣淋滤产生，先在补给区低洼地带进行汇集，下渗至岩土界面，继而通过岩溶裂隙、溶孔等途径迁移至岩溶管道进入地下河，对岩溶地下水造成污染。根据第四章计算得到岜片地下河补给区污染源周边的单位面积补给量为 5.35t/d，通过单位换算为 142.34mL/h。

通过实地调查采样，目前岜片地下河补给区砒霜厂废渣 As 污染源范围内，检测到土壤中 As 含量超标倍数最大为位于砒霜厂旧储蓄池处的 HCbp-7T，含量为 283mg/kg。

通过对现场土体 As 的物理解吸试验得到去离子水对水-土-岩体系中的 As 单位解吸速率为图 5.47 中拟合曲线的斜率。去离子水对 As 的单位解吸量随时间的拟合曲线相关系数高达 0.999，可用式（5.2）进行表达。其中单位解吸量为解吸量除以试验土壤质量 0.3kg 所得。

$$y = -7 \times 10^{-8} x^2 + 0.0012x + 0.1135 \qquad (5.2)$$

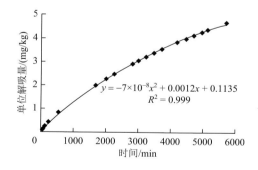

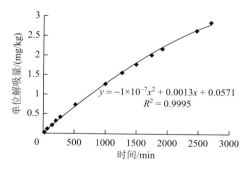

**图 5.47 物理解吸试验中 As 的单位解吸量随时间的拟合曲线**

**图 5.48 化学解吸试验中 As 的单位解吸量随时间的拟合曲线**

通过化学解吸试验得到的模拟当地酸雨的酸溶液对水-土-岩体系中的 As 单位解吸速率为图 5.48 中拟合曲线的斜率。模拟酸雨溶液对 As 的单位解吸量随时间的拟合曲线相关系数高达 0.9995，相关性较高，可用式（5.3）进行表达。其中单位解吸量为解吸量除以试验土壤质量 0.3kg 所得。

$$y = -1 \times 10^{-7}x^2 + 0.0013x + 0.0571 \qquad (5.3)$$

2）预测模型建立

根据试验结果分别建立物理解吸模型和化学解吸模型，土壤中 As 的含量以最大风险为原则，采用实地调查监测中土壤的 As 含量最大值 283mg/kg 进行模型计算预测。

a. 物理解吸模型

物理解吸模型为理想条件下 pH 为中性的大气降水入渗对 As 的淋滤，因此该模型计算结果为最大风险的情况。模型采用式（5.4）进行变换预测。通过将计算模型进行变换，得到单位解吸量为自变量 $x$，时间为因变量 $y$ 的拟合曲线，得到理想条件下大气降水入渗对 As 淋滤降至 As 的土壤环境二级标准（40mg/kg）所需时间的计算公式：

$$y = 142.34x^2 + 556.87x - 16.994 \qquad (5.4)$$

该方程为开口向上且关于 $x = -1.956$ 的一元二次抛物线，当 $x = 0.03$ 和 $-1.926$ 时，$y = 0$；当 $x > 0.03$，$x < -1.926$ 时，$y > 0$。实际情况中 $x$ 与 $y$ 的取值均 $>0$，因此 $x$ 的取值下限为 0.03。根据现场实际条件，大气降水不可能将土壤中的 As 完全解吸出来，因此，$x$ 的取值上限为 283。所以，计算公式（5.4）进一步优化，得到如下计算公式：

$$y = 142.34x^2 + 556.87x - 16.994, \quad 0.03 \leqslant x \leqslant 283 \qquad (5.5)$$

b. 化学解吸模型

化学解吸模型为理想条件下模拟当地酸雨 pH = 4.6 的大气降水入渗对 As 的淋滤。模型采用式（5.6）进行变换预测。通过将计算模型进行变换，得到单位解吸量为自变量 $x$，时间为因变量 $y$ 的拟合曲线，得到模拟当地酸雨 pH = 4.6 条件下的大气降水入渗对 As 淋滤降至 As 的土壤环境二级标准（40mg/kg）所需时间的计算公式：

$$y = 113.93x^2 + 641.85x - 22.906 \qquad (5.6)$$

该方程为开口向上且关于 $x = -1.878$ 的一元二次抛物线，当 $x = 0.035$，$-1.843$ 时，$y = 0$；当 $x > 0.035$，$x < -1.843$ 时，$y > 0$。实际情况中 $x$ 与 $y$ 的取值均 $>0$，因此 $x$ 的取值下限为 0.035。根据现场实际条件，大气降水不可能将土壤中的 As 完全解吸出来，因此，$x$ 的取值上限为 283。所以，计算式（5.6）进一步优化，得到如下计算公式：

$$y = 113.93x^2 + 641.85x - 22.906, \quad 0.035 \leqslant x \leqslant 283 \qquad (5.7)$$

3）模型预测与计算结果

a. 参数选择

实地调查监测中土壤 As 含量最大值为 283mg/kg，土壤环境二级标准 As 含量为 40mg/kg。所以，当大气降水淋滤土壤中的 As 含量降至土壤环境二级标准 40mg/kg 时，其通过大气降水入渗带走的 As 为 283mg/kg–40mg/kg = 243mg/kg。因此，模型计算中自变量的取值为 243。

b. 理想情况下大气降水对 As 的淋滤达标预测

将自变量 $x = 243$ 代入式（5.4）$y = 142.34x^2 + 556.87x - 16.994$；

得到 $y = 142 \times 243^2 + 556.87 \times 243 - 16.994$

$$= 8540337.076\text{min}$$

$$\approx 5930.79\text{d}$$

$$\approx 16.25\text{a}$$

因此，在理想条件下 pH 为中性的大气降水对岜片地下河补给区以单位面积 142.34mL/h 的补给量对污染场地的含 As 土壤进行持续淋滤时，需要经过 16.25 年的时间才能将该区域内土壤中的 As 带走，达到 As 的土壤环境二级标准。

c. 酸雨条件下大气降水对 As 的淋滤达标预测

将自变量 $x = 243$ 代入式（5.6）$y = 113.93x^2 + 641.85x - 22.906$；

得到 $y = 113.93 \times 243^2 + 641.85 \times 243 - 22.906$

$$= 6883399.214\text{min}$$

$$\approx 4780.14\text{d}$$

$$\approx 13.09\text{a}$$

模型结果表明，在理想条件下模拟当地酸雨 pH = 4.6 的大气降水对岜片地下河补给区以单位面积 142.34mL/h 的补给量对污染场地的含 As 土壤进行持续淋滤时，需要经过 13.09 年的时间才能将该区域内土壤中的 As 带走，达到 As 的土壤环境二级标准。

## ● 5.2 关岭龙滩口地下河系统水污染调查

### 5.2.1 研究区概况

#### 5.2.1.1 自然地理

龙滩口地下河位于安顺市关岭县中南部顶云街道、关索街道一带（图 5.49）。地下河系统由东、西两条支流构成，总体呈北南向展布，处于溶丘谷地地貌，局部分布有峰丛洼地，地势相对平缓，总体北高南低，东西高中间低。境内最高海拔为坪寨村西部的无名山，海拔 1366m，最低海拔为关索街道龙滩村地下河总出口，海拔 1025m。

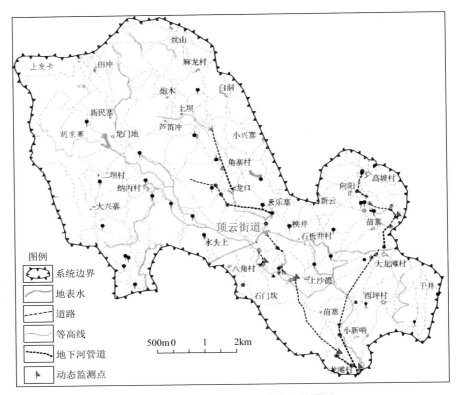

**图 5.49　龙滩口地下河系统地理位置图**

### 5.2.1.2　气象水文

区内属于亚热带山地季风湿润气候，年平均降雨量 1391mm，年内降雨分配不均匀，多集中在 3～7 月，占全年降雨量的 80%以上。四季温和，年平均气温16.5℃，极端最高气温 33℃。相对湿度较大（平均相对湿度 80%，最大相对湿度99%，最小相对湿度 21%），干湿分明，光照热量条件一般（全晴天 22.1 天，多云及阴天 226.7 天）。

境内中南部有关塘河，总体由北向南径流，接受龙滩口地下河西支补给，至黄果树汇入打帮河。

### 5.2.1.3　区域地质概况

#### 1）地层岩性

区内出露地层主要为三叠系（$T_2g$、$T_2y$、$T_1y$）、古近系和第四系，以三叠系为主（表 5.21）。其中中三叠统杨柳井组（$T_2y$）分布于系统中、南部，下部为薄层泥岩与灰岩互层；中上部为薄至中厚层灰岩，由下到上层次增厚；顶部为杂色泥岩夹灰岩透镜体。中三叠统关岭组（$T_2g$）分布于系统中北部，下部主要为白云岩、泥岩；上部以灰岩为主，厚 550m，与下伏永宁镇组整合接触，以底部黏土化凝灰岩为分组标志层，分为三段。下三叠统永宁镇组（$T_1yn$）上部为白云岩，下部以灰岩为主，厚度 420m，与下伏大冶组整合接触，界线分明，分为四段。岩溶洼地内有较厚（5～10m）新生界松散层堆积。

**表 5.21　地层简表**

| 系 | 统 | 地层名称及代号 | | | |
|---|---|---|---|---|---|
| 第四系 | 全新统 | $Q_4$ | | | |
| | 中上更新统 | $Q_{2-3}$ | | | |
| | 下更新统 | $Q_1$ | | | |
| 上白垩统—古近系 | | $K_2$—E | | | |
| 三叠系 | 上统 | 龙头山组 $T_3l$ | | | |
| | | 火把冲组 $T_3h$ | | | |
| | | 把南组 $T_3b$ | | | |
| | | 赖石斜组 $T_3ls$ | | | |
| | 中统 | | 竹杆坡组 $T_2z$ | | 边阳组 $T_2b$ |
| | | 杨柳井组 $T_2y$ | 龙头组 $T_2l$ | | |
| | | 关岭组 $T_2g$ | 坡段组 $T_2p$ | | 青岩组 $T_2q$　新苑组 $T_2x$ |
| | 下统 | 永宁镇组 $T_1yn$ | 安顺组 $T_1a$ | 谷脚组 $T_1g$ | 紫云组 $T_1z$ |
| | | 飞仙关组 $T_1f$ | 夜郎组 $T_1y$ | 大冶组 $T_1d$ | 罗楼组 $T_1l$ |
| 二叠系 | 上统 | | 长兴组 $P_2c$ | | 领好组 $P_2lh$ |
| | | 龙潭组 $P_2l$ | 吴家坪组 $P_2w$ | | |
| | | 玄武岩 $P_2\beta$ | | | |
| | 下统 | | 玄武岩 $P_1\beta$ | | 邑仙组 $P_1b$ |
| | | | 茅口组 $P_1m$ | | 玄武岩 $P_1\beta$ |
| | | | | | 茅口组 $P_1m$ |
| | | | 栖霞组 $P_1q$ | | |
| | | 常么组 $P_1c$ | 平川组 $P_1p$ | | 垭口田组 $P_1y$ |

2）地质构造

研究区位于南岭纬向构造带以北，川滇经向构造体系以东，新华夏第三隆起带以西。区域上主要有东西向构造带、南北向构造带、"山"字形构造、旋转构造、新华夏系构造、北西向构造带、北东向构造带等。本区域主要位于后两者构造区域。

（1）北西向构造带。主要由 NW 向的一束大体上平行的褶皱和逆冲断层组成，这组构造带占据了研究区的大部分区域。

（2）北东向构造带。研究区的东部及东南部主要为北东向构造带，由一系列 NE 25°～45°的褶皱组成。褶皱的特点多呈线状，长约 30km，宽度 20km。

**5.2.1.4　水文地质条件**

1）地下河系统边界

龙滩口地下河系统由东、西两条支流构成：龙里—下长乐—白岩脚—龙滩口（西支）、高坡—大龙滩—龙滩口（东支）。东、西两条支流在白岩脚村东侧汇合，其西支地下河呈 NW—SE 向展布，为龙滩口地下河主干流，长度约 7.62km，SC070 号溶潭是其总出口，流出后汇入东侧地表河流（关塘河）；东支地下河近 NS 向展布，长度约 9.72km，于小新哨附近汇入干流中。区内地表分水岭也是地下分水岭，构成了地下河系统边界，整个地下河系统汇水面积约 79.0km$^2$（图 5.50）。

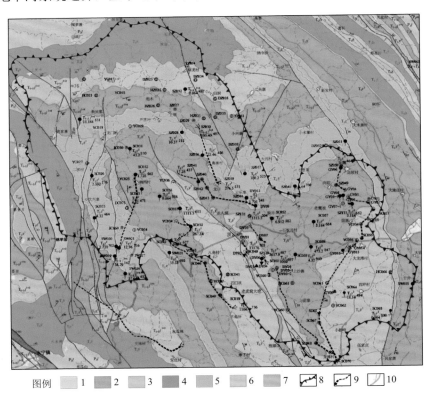

**图 5.50　龙滩口地下河系统水文地质简图**

1. 松散岩类孔隙水含水岩组（富水性贫乏）；2. 碳酸盐岩裂隙溶洞含水岩组（富水性极丰富）；3. 碳酸盐岩裂隙溶洞含水岩组（富水性丰富）；4. 碳酸盐岩夹碎屑岩裂隙溶洞含水岩组（富水性中等）；5. 碳酸盐岩夹碎屑岩裂隙溶洞含水岩组（富水性贫乏）；6. 碎屑岩类孔隙裂隙含水岩组（富水性中等）；7. 碎屑岩类孔隙裂隙含水岩组（富水性贫乏）；8. 流域界线；9. 地下河管道；10. 河流

2）地下水类型及含水岩组

区内含水岩组可分为下列 4 种类型（表 5.22）。

（1）碳酸盐岩裂隙溶洞水。该类型地下水主要包括关岭组（$T_2g^{2-3}$）、永宁镇组（$T_1yn$）等地层，上述地层储水条件一般较好，含水层厚度大，岩溶强发育，富水性中等至强富水，为研究区的主要含水岩组。在该地层分布区域，为地下河和岩溶大泉的主要发育区域，常见流量 25～51L/s。

（2）碳酸盐岩夹碎屑岩裂隙溶洞水。该类型地下水包括大冶组（$T_1d$）、关岭组（$T_2g^1$）、夜郎组（$T_1y$）；地下水常沿灰岩与相对隔水的泥岩、砂岩、泥页岩等碎屑岩层接触带流出，岩溶区常接收碎屑岩区补给，受岩溶含水地层厚度及出露面积控制，岩溶发育但富水性中等，常见流量为 15～27L/s。

表 5.22　含水岩组及地下水类型划分表

| 序号 | 地下水类型 | 含水岩组及代号 | 富水性 |
|---|---|---|---|
| 1 | 碳酸盐岩裂隙溶洞水 | 关岭组 $T_2g^{2-3}$ | 中等 |
| | | 永宁镇组 $T_1yn$ | 中等 |
| 2 | 碳酸盐岩夹碎屑岩裂隙溶洞水 | 大冶组 $T_1d$ | 中等—弱 |
| | | 关岭组 $T_2g^1$ | 弱 |
| | | 夜郎组 $T_1y$ | 弱 |
| 3 | 碎屑岩裂隙水 | $P_2l$-$P_2d$ | 弱 |
| 4 | 孔隙水 | Q | 弱 |

（3）碎屑岩裂隙水。包括白垩系—古近系（K—E）等地层，新近系砾岩，分布面积小，含岩溶水，流量小于 1.5L/s。中、下侏罗统，上三叠统（$J_2ln$—$T_3b$），分布于郎岱向斜，为一套含层间裂隙水、孔隙水的泥岩、砂页岩，泉流量 1.1～3.8L/s。上二叠统（$P_2l$—$P_2d$）、下二叠统梁山组（$P_1l$）及中泥盆统（$D_2h$），呈条带状分布于背斜的翼部，地貌形态多为侵蚀沟谷，含层间裂隙水，泉水出露于灰岩夹层中，流量小于 2.5L/s。

（4）孔隙水。多分布于河谷阶地和岩溶洼地中，均为零星分布，不具供水意义。

3）地下水补给、径流、排泄特征

a. 补给条件

大气降水是龙滩口地下河系最主要的补给来源，补给区主要集中在系统的西北部和东北部。区内基岩裸露，表层岩溶带十分发育，土层分布少而薄，降雨对地下水具有面状补给特征。按关岭县水文资料，年降雨量的 90% 以上可渗入地下补给地下水。由于降雨季节性变化十分明显，地下河流量在每年 4～7 月达到峰值。

b. 径流与埋藏条件

该地下河管道埋藏较浅（埋深 3～30m）（图 5.51），从补给区至排泄区高差约177m，穿越了溶丘谷地、峰丛洼地等地貌单元。本区地表、地下岩溶都十分发育，地下水总是从北部的溶丘谷地向南部的峰丛洼地汇集，然后流向地下河总出口，在径流过程中明暗相间，溶潭、消水洞呈串珠状分布于地下河管道沿线。

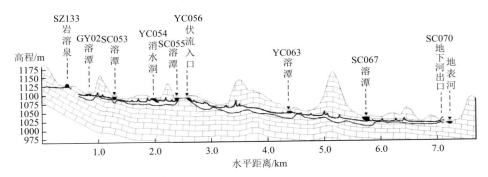

图 5.51　龙滩口地下河 SZ133—SC070 水文地质剖面图

c. 排泄特征

该系统出口在 SC070 点，出口标高为 1025m，平均流量为 40L/s，年平均排泄总量为 $1.26 \times 10^6 m^3$。龙滩口地下河系统年平均总排泄量为 $8.51 \times 10^6 m^3$。由于地下河管道相对发育，且明暗相间，根据 2017 年 6 月示踪试验结果，排泄一般滞后降雨 3～7 日。

#### 5.2.1.5　地下水化学特征

龙滩口地下河系统地下水化学类型与各区分布的岩性有关。按舒卡列夫分类法，采样点水化学类型结果见表 5.23（合计 34 个不同采样点，其中枯水期 32 个采样点，丰水期 29 个采样点，重复采样点 27 个）。调查区地下水化学特征共有 5种类型，其中丰水期 1-A 型水（$HCO_3$-Ca）占 17.24%，2-A 型水（$HCO_3$-Ca·Mg）占 20.69%，8-A 型水（$HCO_3$·$SO_4$-Ca）占 41.38%，9-A 型水（$HCO_3$·$SO_4$-Ca·Mg）占 17.24%，11-A 型水（$HCO_3$·$SO_4$-Ca·Na）占 3.45%。枯水期 1-A 型水（$HCO_3$-Ca）占 3.13%，2-A 型水（$HCO_3$-Ca·Mg）占 21.87%，8-A 型水（$HCO_3$·$SO_4$-Ca）占 31.25%，9-A 型水（$HCO_3$·$SO_4$-Ca·Mg）占 43.75%。27 个相同采样点中有 15 个采样点枯、丰水期水化学类型一致，5 个采样点水化学类型由丰水期的 $HCO_3$·$SO_4$-Ca·Mg 转化为枯水期的 $HCO_3$·$SO_4$-Ca。

从地下河补给、排泄的角度来看，补给区水化学类型以 $HCO_3$-Ca·Mg、$HCO_3$·$SO_4$-Ca 为主，排泄区水化学类型以 $HCO_3$·$SO_4$-Ca·Mg 为主。

表 5.23 龙滩口地下河系统主要水点水化学类型

| 地下河 | 采样点 | 地理位置 | 枯水期 | | | 丰水期 | | | 位置 |
|---|---|---|---|---|---|---|---|---|---|
| | | | 水化学类型 | 阴离子类型 | 阳离子类型 | 水化学类型 | 阴离子类型 | 阳离子类型 | |
| 西支1 | SC035 | 贵州省关岭县顶云街道八角村水头上西北角 | — | — | — | 1-A | HCO₃ | Ca | 补给 |
| | DY01 | 贵州省关岭县顶云街道上长乐村 | 9-A | HCO₃·SO₄ | Ca·Mg | 8-A | HCO₃·SO₄ | Ca | 补给径流 |
| | SC049 | 贵州省关岭县顶云街道上长乐村北100m | 8-A | HCO₃·SO₄ | Ca | 8-A | HCO₃·SO₄ | Ca | 补给径流 |
| | DY02 | 贵州省关岭县顶云街道上长乐村 | 8-A | HCO₃·SO₄ | Ca | 8-A | HCO₃·SO₄ | Ca | 补给径流 |
| | DY03 | 贵州省关岭县顶云街道上长乐村东侧200m | 1-A | HCO₃ | | 11-A | HCO₃·SO₄ | Ca·Na | 补给径流 |
| | DY04 | 贵州省关岭县顶云街道上长乐村东侧350m | 8-A | HCO₃·SO₄ | Ca | 8-A | HCO₃·SO₄ | Ca | 补给径流 |
| 西支2 | SZ039 | 贵州省关岭县顶云街道角寨村龙口组南侧50m | — | — | — | 1-A | HCO₃ | Ca | 补给径流 |
| | DY09 | 贵州省关岭县顶云街道常家寨文体广场东侧3m | 9-A | HCO₃·SO₄ | Ca·Mg | 9-A | HCO₃·SO₄ | Ca·Mg | 补给径流 |
| | DY06 | 贵州省关岭县顶云街道下长乐村西南侧30m | 9-A | HCO₃·SO₄ | Ca·Mg | 2-A | HCO₃ | Ca·Mg | 补给径流 |
| | SZ129 | 贵州省关岭县顶云街道下长乐村 | 2-A | HCO₃ | Ca·Mg | 9-A | HCO₃·SO₄ | Ca·Mg | 补给径流 |
| | SC051 | 贵州省关岭县顶云街道下长乐村内 | 2-A | HCO₃ | Ca·Mg | 2-A | HCO₃ | Ca·Mg | 补给径流 |
| | DY05 | 贵州省关岭县顶云街道下长乐村东南侧沪昆高速南侧65m | 9-A | HCO₃·SO₄ | Ca·Mg | — | — | — | 补给径流 |
| | YC060 | 贵州省关岭县大冲村西500m | 2-A | HCO₃ | Ca·Mg | 2-A | HCO₃ | Ca·Mg | 补给径流 |
| | SC068 | 贵州省关岭县龙潭村白岩脚组西侧 | 9-A | HCO₃·SO₄ | Ca·Mg | 8-A | HCO₃·SO₄ | Ca | 补给径流 |
| | SC070 | 贵州省关岭县龙潭村 | 9-A | HCO₃·SO₄ | Ca·Mg | 8-A | HCO₃·SO₄ | Ca | 排泄 |
| 东支1 | SZ050 | 贵州省关岭县上高坡村东南100m | 2-A | HCO₃ | Ca·Mg | 2-A | HCO₃ | Ca·Mg | 补给 |
| | GY06 | 贵州省关岭县高坡村西侧170m | 2-A | HCO₃ | Ca·Mg | 2-A | HCO₃ | Ca·Mg | 补给 |
| | SZ049 | 贵州省关岭县向阳村东100m | 9-A | HCO₃·SO₄ | Ca·Mg | 1-A | HCO₃ | Ca | 补给 |

| 地下河 | 采样点 | 地理位置 | 枯水期 | | | 丰水期 | | | 位置 |
|---|---|---|---|---|---|---|---|---|---|
| | | | 水化学类型 | 阴离子类型 | 阳离子类型 | 水化学类型 | 阴离子类型 | 阳离子类型 | |
| 东支1 | GY04 | 贵州省关岭县高坡村向阳组东南350m村路西侧10m | 8-A | HCO₃·SO₄ | Ca | 8-A | HCO₃·SO₄ | Ca | 补给 |
| | GY05 | 贵州省关岭县高坡村坪田冷冻仓库西北280°145m | 2-A | HCO₃ | Ca·Mg | — | — | — | 补给 |
| | GY07 | 贵州省关岭县高坡村坪田组 | 8-A | HCO₃·SO₄ | Ca | 1-A | HCO₃ | Ca | 补给 |
| | SZ133 | 贵州省关岭县高坡村 | 8-A | HCO₃·SO₄ | Ca | 1-A | HCO₃ | Ca | 补给 |
| | GY01 | 贵州省关岭县关索街道城内村干溶潭 | 9-A | HCO₃·SO₄ | Ca·Mg | 9-A | HCO₃·SO₄ | Ca·Mg | 补给径流 |
| | GY02 | 贵州省关岭县关索街道顺意驾校东北侧10m | 8-A | HCO₃·SO₄ | Ca | 8-A | HCO₃·SO₄ | Ca | 补给径流 |
| | SC053 | 贵州省关岭县关索街道观音村北250m | 8-A | HCO₃·SO₄ | Ca | 9-A | HCO₃·SO₄ | Ca·Mg | 补给径流 |
| | GY08 | 贵州省关岭县关索街道观音洞路83号 | 9-A | HCO₃·SO₄ | Ca·Mg | — | — | — | 补给径流 |
| | SC055 | 贵州省关岭县关索街道大龙滩村北300m | 9-A | HCO₃·SO₄ | Ca·Mg | 9-A | HCO₃·SO₄ | Ca·Mg | 补给径流 |
| | YC056 | 贵州省关岭县关索街道大龙滩村西北250m国道320北侧 | 9-A | HCO₃·SO₄ | Ca·Mg | — | — | — | 补给径流 |
| | GY014 | 贵州省关岭县关索街道岭南驾校旧320国道南120m | 8-A | HCO₃·SO₄ | Ca | 8-A | HCO₃·SO₄ | Ca | 补给径流 |
| | SC059 | 贵州省关岭县顶云街道下沙德村西南200m | 8-A | HCO₃·SO₄ | Ca | 8-A | HCO₃·SO₄ | Ca | 补给径流 |
| | YC063 | 贵州省关岭县关索街道摆布塘村西250m | 9-A | HCO₃·SO₄ | Ca·Mg | 8-A | HCO₃·SO₄ | Ca·Mg | 补给径流 |
| | SC064 | 贵州省关岭县关索街道摆布塘村东侧山坡处 | 2-A | HCO₃ | Ca·Mg | 2-A | HCO₃ | Ca·Mg | 补给径流 |
| | SD02 | 贵州省关岭县顶云街道大冲村东340m | 9-A | HCO₃·SO₄ | Ca·Mg | 8-A | HCO₃·SO₄ | Ca | 补给径流 |
| | SC067 | 贵州省关岭县关索街道小新哨村西400m | 9-A | HCO₃·SO₄ | Ca·Mg | — | — | — | 补给径流 |
| 总出口 | SC070 | 贵州省关岭县关索街道龙滩村 | 9-A | HCO₃·SO₄ | Ca·Mg | 8-A | HCO₃·SO₄ | Ca | 排泄 |

### 5.2.1.6　土地利用变化分析

根据《土地利用现状分类》（GB/T 21010—2007）标准要求，结合工作实际情况，将 2018 年研究区涉及的土地利用现状分为六大类（图 5.52）。统计表明，研究区内以草地面积最大，占研究区面积的 45.70%；其次林地面积约占研究区面积的 32.41%，农田占研究区面积的 16.09%，建筑用地、裸地、水体占研究区面积依次为 5.06%、0.66%、0.08%。由研究区土地开发利用现状可知，区内土地开发利用程度较高，其中耕地面积较大。

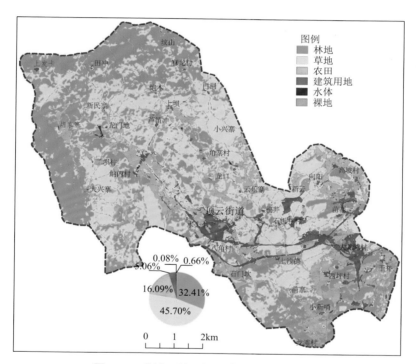

**图 5.52　龙滩口地下河系统土地利用分类图**

### 5.2.1.7　污染源类型与分布特征

系统内污染源主要为农业污染源，其次为生活污染源，具体如下。

1）农业污染源及分布

龙滩口地下河补给、径流区分布有大量农田，农药、化肥施用量非常大（图 5.53）。调查结果表明，经常使用的除草剂就有精喹禾灵（化学名称：(R)-2-[4-(6-氯喹喔啉-2-基氧)苯氧基]丙酸乙酯，主要用于油菜、烟草等旱作物）、陶氏益农绿源素（除草剂，主要用于油菜、大豆、马铃薯等）、高效氟吡甲禾灵（除草剂，化学名为

2-[4-(3-氯-5-三氟甲基-2-吡啶氧基)苯氧基]丙酸；2-[4-(5-三氟甲基-3-氯-吡啶-2-氧基)苯氧基]丙酸甲酯，用于油菜、大豆等各种阔叶作物)、莠去津（是一种三嗪类除草剂，学名 2-氯-4-乙氨基-6-异丙氨基-1, 3, 5-三嗪，又名阿特拉津）、草甘膦（除草剂，化学名 $N$-(膦羧甲基)甘氨酸，用于防除苹果园、葡萄园和茶园的杂草）等 5 种。常用的杀菌剂和杀虫剂有苯甲•中生（杀菌剂，主要用于蔬菜、瓜果、果树等）、吡虫•异丙威（杀虫剂，主要用于水稻）、吡虫啉（杀虫剂，主要用于水稻、小麦、棉花等作物）、啶虫哒螨灵（杀虫剂，主要用于水稻、小麦、棉花等作物）、甲氨基阿维菌素苯甲酸盐（杀虫剂，主要用于水稻）等多种。

图 5.53　研究区分布的农业面源

2017 年 12 月枯水期采集的水样测试结果表明，地下水中存在甲苯、四氯乙烯、总六六六等有机指标含量超出检出限。杀虫剂、除草剂等农药的大量使用，已经造成地下水有机污染。由此可以推断，在丰水期或农作物集中种植期，由于农药使用的力度增大，地下水可能存在更为突出的有机污染。

2）生活污染源及分布

研究区内村庄未建生活垃圾处理厂和污水处理厂（图 5.54、图 5.55），根据调查情况，生活垃圾随意堆放，占用沟渠，第四系虽具有一定的沉积厚度，但多为岩溶发育区。长此以往，对地下水造成的影响不容忽视。生活污水未经处理直接排入附近沟渠，最终进入地下河管道，对地下水产生影响。同时有大量小型养殖场，粪便及污水任意排放，也可造成地下水的污染。

图 5.54　研究区生活垃圾污染点　　　　图 5.55　研究区养殖场污染点

## 5.2.2  水环境质量评价

### 5.2.2.1  检出率和超标率统计分析

1）有机指标检出率统计分析

对 38 组有机样品的检测数据进行检出率的统计及排序分析（表 5.24），203 项有机指标有 70 项检出，检出率最高的为双（2-乙己基）邻苯二甲酸酯，达 55.3%；其次为 2, 6-二硝基甲苯，达 52.6%；检出率在 40% 以上的组分还有红霉素、林可霉素，分别达到 47.4%、42.1%。检出率在 30%～40% 的指标有偶氮苯、间二甲苯，分别达到 39.5%、31.6%。

表 5.24  有机指标检出情况

| 有机指标 | 检出率/% | 有机指标 | 检出率/% | 有机指标 | 检出率/% |
|---|---|---|---|---|---|
| 双（2-乙己基）邻苯二甲酸酯 | 55.3 | 荧蒽 | 10.5 | 氧氟沙星 | 5.3 |
| 2, 6-二硝基甲苯 | 52.6 | 苯并[a]蒽 | 10.5 | 苊烯 | 5.3 |
| 红霉素 | 47.4 | 苯并[b]荧蒽 | 10.5 | 2, 4, 6-三氯苯酚 | 5.3 |
| 林可霉素 | 42.1 | 苯并[k]荧蒽 | 10.5 | PCB 29 | 5.3 |
| 偶氮苯 | 39.5 | 苯并[a]芘 | 10.5 | PCB 98 | 5.3 |
| 间二甲苯 | 31.6 | 茚并[1, 2, 3-cd]芘 | 10.5 | 邻苯二甲酸二甲酯 | 5.3 |
| 咔唑 | 26.3 | 二苯并[a, h]蒽 | 10.5 | 1, 2, 3-三氯丙烷 | 2.6 |
| 2, 4-二硝基甲苯 | 23.7 | 苯并[g, h, i]苝 | 10.5 | γ-六六六 | 2.6 |
| 邻苯二甲酸二正辛酯 | 21.1 | 3-甲基胆蒽 | 10.5 | 4, 4'-滴滴涕 | 2.6 |
| 蒽 | 18.4 | 二苯并[a, j]吖啶 | 10.5 | 总滴滴涕 | 2.6 |
| 七氯 | 15.8 | PCB 1 | 10.5 | 环氧七氯 | 2.6 |
| 氯霉素 | 15.8 | PCB 5 | 10.5 | 甲拌磷 | 2.6 |
| 罗红霉素 | 15.8 | 总六六六 | 7.9 | 磺胺吡啶 | 2.6 |
| 苯甲醇 | 15.8 | 甲基对硫磷 | 7.9 | 磺胺间二甲氧嘧啶 | 2.6 |
| 六氯苯 | 13.2 | 4-氯苯基苯醚 | 7.9 | 菲 | 2.6 |
| 治螟磷 | 13.2 | 对氨基联苯 | 7.9 | 4-氯-3-甲基苯酚 | 2.6 |
| 氟甲喹 | 13.2 | 1, 2-二氯丙烷 | 5.3 | 4-硝基苯酚 | 2.6 |
| 芘 | 13.2 | α-六六六 | 5.3 | 二苯胺＋N-亚硝基二苯胺 | 2.6 |

续表

| 有机指标 | 检出率/% | 有机指标 | 检出率/% | 有机指标 | 检出率/% |
|---|---|---|---|---|---|
| 7, 12-二甲基苯并[a]蒽 | 13.2 | β-六六六 | 5.3 | PCB 47 | 2.6 |
| 非那西丁 | 13.2 | δ-六六六 | 5.3 | PCB 154 | 2.6 |
| 丁基苄基邻苯二甲酸酯 | 13.2 | 艾氏剂 | 5.3 | PCB 171 | 2.6 |
| 氨磺磷 | 10.5 | 磺胺对甲氧嘧啶 | 5.3 | PCB 21 | 2.6 |
| 诺氟沙星 | 10.5 | 四环素 | 5.3 | | |
| 西诺沙星 | 10.5 | 萘啶酸 | 5.3 | | |

2）无机指标检出率和超标率统计分析

枯水期，32 个地下水样品，7 项现场测试指标、21 项无机常规指标、6 项无机毒理指标的检出率都为 100%。丰水期，29 个地下水样品，7 项现场测试指标、21 项无机常规指标、6 项无机毒理指标的检出率也都为 100%。检出率和超标率的计算公式分别如下：

检出率（%）＝（检出点总数/样品总数）×100%

超标率（%）＝（超标点数/样品总数）×100%

首先，对无机指标各组分的超标率统计见表 5.25。枯水期，超标组分比例最大的为 Al，达 28.13%；其次为 Fe，达 15.63%；其余超标的组分有 Mn、总硬度（以 $CaCO_3$ 计）、$F^-$。丰水期，超标组分比例最大的为总硬度，达 33.33%；其次为 Al 和 Fe，分别达 27.59%、20.69%。超标的无机组分主要来自地质环境背景，包括 Fe、Mn、Al、$F^-$ 等。

**表 5.25 龙滩口地下河系统无机超标情况统计**

| 枯水期（2018 年 5 月 32 个样品） | | 丰水期（2018 年 9 月 29 个样品） | |
|---|---|---|---|
| 测试指标 | 超标率/% | 测试指标 | 超标率/% |
| 铝（Al） | 28.13 | 总硬度（以 $CaCO_3$ 计） | 33.33 |
| 铁（Fe） | 15.63 | 铝（Al） | 27.59 |
| 锰（Mn） | 6.25 | 铁（Fe） | 20.69 |
| 总硬度（以 $CaCO_3$ 计） | 6.25 | 锰（Mn） | 3.45 |
| 氟离子（$F^-$） | 3.13 | 氟离子（$F^-$） | 3.45 |

5.2.2.2  地下水质量评价综合评价

（1）枯水期水质。经综合分析，研究区地下水水质状况以Ⅲ类水为主，合计 20 个，占 62.5%；其次为Ⅳ类，9 个，占 28.125%；再次为Ⅴ类，3 个，占 9.375%；未出现Ⅰ、Ⅱ类水（表 5.26）。研究区目前水质总体状况较好，未出现有机污染。

（2）丰水期水质。经综合分析，研究区地下水水质状况以Ⅲ类水为主，合计 19 个，占 65.52%；其次为Ⅳ类、Ⅴ类水，均占总数的 17.24%（表 5.26）。进一步分析，揭示下游水质要优于上游水质，这可能与岩溶管道或降雨对污染物具有一定稀释吸附作用有关。研究区目前水质总体状况较好，研究区地下水未出现有机污染。对比丰枯水期可以看出，丰水期水质略优于枯水期水质。

表 5.26  地下水质量综合评价结果统计

| 枯水期（不考虑现场测试指标） | | | | 丰水期（不考虑现场测试指标） | | | |
| --- | --- | --- | --- | --- | --- | --- | --- |
| 类别 | 数量/个 | 比例/% | 影响因子 | 类别 | 数量/个 | 比例/% | 影响因子 |
| Ⅰ类 | 0 | 00.00 | | Ⅰ类 | 0 | 00.00 | |
| Ⅱ类 | 0 | 00.00 | | Ⅱ类 | 0 | 0.00 | |
| Ⅲ类 | 20 | 62.50 | | Ⅲ类 | 19 | 65.52 | |
| Ⅳ类 | 9 | 28.125 | Al；Fe；Mn；总硬度（$CaCO_3$）；$F^-$ | Ⅳ类 | 5 | 17.24 | Al；Fe；Mn；总硬度（$CaCO_3$）；$F^-$ |
| Ⅴ类 | 3 | 9.375 | Al | Ⅴ类 | 5 | 17.24 | Al |
| 合计 | 32 | 100 | | 合计 | 29 | 100 | |

### 5.2.3  地下水污染评价

评价结果表明（图 5.56、图 5.57）：①枯水期检测的 32 个样品，未污染点达 81.25%，轻度污染点为 18.75%，未出现中度、重度和极重度污染；污染点主要集中在上长乐一带；污染物以无机指标为主，包括 Al、Fe、Mn、$F^-$。②丰水期检测的 29 个样品，未污染点 22 处，达 75.86%；轻度污染点 7 处，达 24.14%，未出现中度、重度和极重度污染；污染点主要集中在上长乐及白岩脚一带；污染指标包括 Al、Fe、Mn、$F^-$。

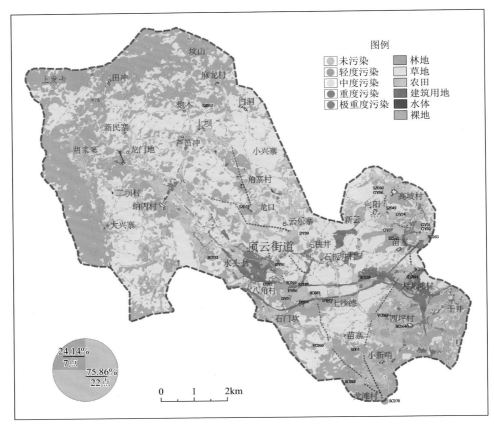

**图 5.56 龙滩口地下河系统丰水期地下水污染评价图**

对比枯水期和丰水期污染评价结果，枯水期污染程度略低于丰水期，揭示雨季强降水能够携带大量的污染物进入地下水。

### 5.2.4 地下河系统防污性能评价

在完成各评价指标图层的基础上，依次对各单指标图层进行区合并操作，将保护性盖层厚度（$P$）、土地类型与利用程度（$L$）、表层岩溶带发育强度（$E$）、补给类型（$I$）和岩溶网络发育程度（$K$）5 个指标图层合并；其次，通过 MapGIS 库管理模块中属性库管理输出属性；再按照各评价指标的权重计算得到各单元防污性能综合评分值；然后，应用 MapGIS "连接属性"功能将"防污性能综合评分值"字段连接到新区文件中；最后，根据"属性赋参数"实现防污性能评价分区。根据地下水污染现状检验地下水污染风险评价结果，对于风险评价结果与污染调查结果相冲突的地方，结合相应的地表环境状况进行修正，最后得出龙滩口地下河系统防污性能分区图（图5.58）。研究区属裸露—覆盖型岩溶区，天然防污性能以中等为主，其次为较差和较好。

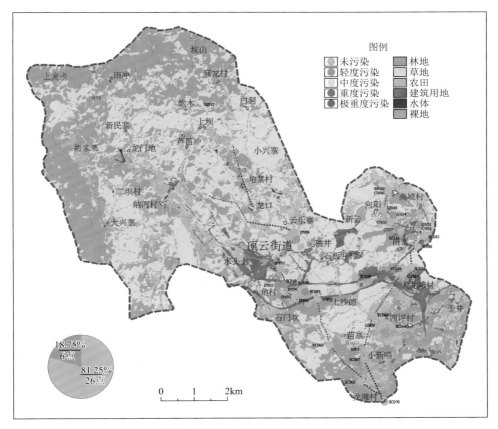

**图5.57 龙滩口地下河系统枯水期地下水污染评价图**

  系统内地下水防污性能差区的面积为0.13km²，占全区面积的0.17%，零星分布于流域内。相应区域人类活动程度强，保护性盖层薄，地下水防污性能差。

  系统内地下水天然防污性能较差区的面积为23.14km²，占全区面积的29.29%，主要分布在研究区中部和东部地下河管道沿线。区内局部为碳酸盐岩裸露地带，地表具有一定厚度的覆盖层，但地表岩溶洼地分布广泛，表层岩溶带及岩溶网络较发育，加之人类农业生产活动频繁，污染物较易通过岩溶洼地中的消水洞及表层防护带进入地下，地下水的防污能力较差。

  系统内地下水防污性能中等区面积为36.57km²，占全区面积的46.29%，为分布较广的防污性能等级分区。该分区地表岩溶裂隙发育程度低，地表多为厚度大于1m的坡残积黏土，对地下水具有一定的防护能力。因此，地下水防污性能中等。

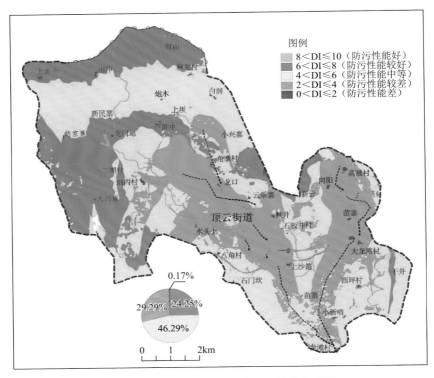

**图 5.58　龙滩口地下河系统防污性能分区图**

　　系统内地下水防污性能较好区的面积为 19.16km²，占全区面积的 24.25%。较好区的分布面积仅次于中等区和较差区，主要分布在研究区西部、西北部一带。该区土地利用类型以林地为主，覆盖层为坡残积黏土，具有一定的防污能力，岩溶地下水的防污性能较好。

　　为此提出相应的防治建议。整个龙滩口地下河系统，由于岩溶水文地质条件的原因，不适宜设置工业区，建议仍存在或新建的小工业、小作坊尽快搬迁和改造。防污性能较差的，应控制地表人类活动强度，设为生态一级自然保护区；防污性能中等的，设立为二级自然保护带。

## 5.2.5　地下水污染防治区划

　　在结合研究区地下水防污性能分区、污染源分布、地下水质量和污染现状的基础上，参考土地利用分区及社会经济发展规划，将全区地下水污染防治区划分为 3 部分，即治理区、防控区和一般保护区，各自所占龙滩口地下河系统面积比例如图 5.59 所示。

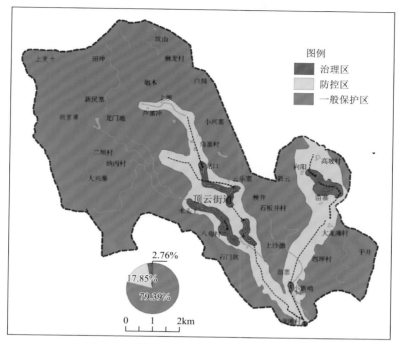

**图 5.59　龙滩口地下河系统防治区划分区图**

（1）治理区面积为 2.18km², 占龙滩口地下河系统总面积的 2.76%, 该区域大部分分布在地下水防污性能较差区域, 另考虑到人类活动情况、社会经济发展现状及水质现状。这部分区域人口相对密集、农业活动频繁、生活排污和水产养殖较多, 且地下水开发利用程度和潜力较高, 并且随着社会经济的不断发展, 该区域的地下水污染情况已经影响到居民健康饮水。因此, 对这些区域地下水资源的保护与治理是重点, 需进一步查明该区水文地质条件, 摸清现有污染源分布情况、污染物排放情况, 提出科学、切实有效的保护治理措施。

（2）防控区面积为 14.1km², 占龙滩口地下河系统总面积的 17.85%, 主要分布在龙滩口地下河管道沿线, 这些地区地下水环境防污性以较差和中等为主, 污染源较少, 地下水污染现状较弱, 地下水开发利用程度和潜力中等, 经济社会主要处在正快速发展阶段, 这些地区需要在发展经济开采利用地下水时采取适当的保护措施, 需要做一些基本的防护。

（3）一般保护区面积为 62.72km², 占龙滩口地下河系统总面积的 79.39%, 这些地区主要集中在地下河管道外围, 地下水环境防污性能较好或中等, 人类活动相对少且分散, 污染源相对分散或不严重, 地下水开发利用程度不高。这些地区现阶段无须采取特殊的保护措施, 能够保护好现状并在发展社会经济的同时注意环境保护即可。

## 5.2.6 龙滩口地下河沉积物中重金属形态特征及其环境风险

通过对龙滩口地下河系统内主要水点沉积物（溶潭、地下河出入口）的采样，发现 Sr、Se 是沉积物中主要的重金属组分。以往研究表明，Sr、Se 元素毒性很低，但当 Sr、Se 在环境中以离子态存在且含量较高时，一旦被人和动物过量吸收，可引起骨骼变形、脆弱、肌肉萎缩及贫血等。为此，本节对 Sr、Se 在地下河沉积物中的形态分布特征及环境风险进行分析。

### 5.2.6.1 沉积物中 Sr、Se 形态特征

总体上呈现淤泥质细颗粒含量越高的沉积物，有效态所占比例也越高，残渣态含量越低的规律（图 5.60、图 5.61）。这与龙滩口地下河系统呈现相反的规律，体现出自然环境条件下与人为污染之间存在明显差异。

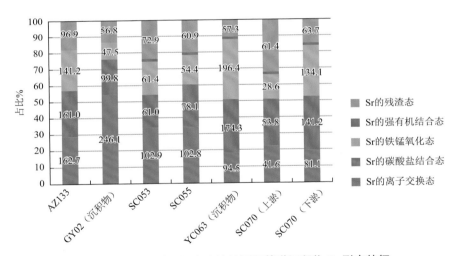

图 5.60　龙滩口地下河东支流地下河管道沉积物 Sr 形态特征

### 5.2.6.2 沉积物中 Sr、Se 生态风险

目前国内外学者主要运用潜在生态危害指数法进行沉积物环境重金属生态风险评价。该方法是 1980 年 Hakanson 为了研究沉积物中重金属的污染程度而提出的，将毒理学、生态学与环境保护有机地结合在一起，能够便捷地划分重金属产生的潜在生态危害程度。其计算公式为 $RI = \sum E_{r,i} = \sum T_i(C_{s,i}/C_{n,i})$，式中：RI 为综合潜在生态风险系数；$E_{r,i}$ 为重金属 $i$ 的潜在生态风险系数；$T_i$ 为重金属 $i$ 的毒性响应系数；$C_{s,i}$ 为重金属 $i$ 的实测质量分数；$C_{n,i}$ 为重金属 $i$ 的参比质量分数。

该方法将 $E_{r,i}$ 划分成"<40、40~80、80~160、160~320、≥320"五个区间段，分别对应重金属 $i$ 的低生态风险（A 级）、中等生态风险（B 级）、较高生态风险（C 级）、高生态风险（D 级）和极高生态风险（E 级）。

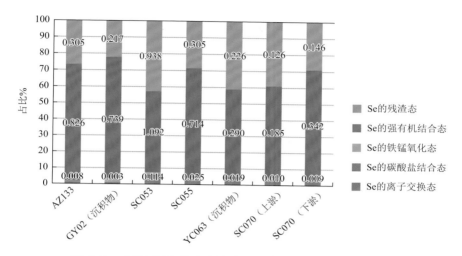

**图 5.61　龙滩口地下河东支流地下河管道沉积物 Se 形态特征**

上述方法以重金属总量进行评价，然而近年来的研究表明，虽然土壤中重金属总量是必不可少的评价因素，但仅以总量进行评价将过高地估计其潜在风险程度，从而降低生态风险评价的可靠性。针对此问题，已有学者从"土壤中重金属总质量分数""元素的生物可利用性对生态风险贡献""元素的生物毒性响应""易操作，可实施，成本低，灵敏与可靠性"四方面对生态风险评价模型进行了改进，并将改进后的方法应用于矿山周边土壤的生态风险评价中，取得了良好的评价结果。本节以 Hakanson 风险模型为基础，建立以下生态风险评价模型：

$$E_{r,i} = T_i \cdot K_i \cdot C_{f,i} \tag{5.8}$$

$$C_{f,i} = C_{s,i} / C_{n,i} \tag{5.9}$$

式中：$K_i$ 为生态可利用性系数，为可提取态与重金属总量的比值；$C_{f,i}$ 为重金属 $i$ 实测质量分数与参比质量分数的比值。

通过查阅相关文献，Sr、Se 的毒性响应系数 $T_i$ 分别为 2、2；另外对本区背景土壤测试后，得出 Sr、Se 质量分数的背景值分别为 $61.8 \times 10^{-6}$，$0.3825 \times 10^{-6}$。

将改进后的生态风险评价模型用于龙滩口地下河沉积物重金属 Sr、Se 的生态风险评价中，得到沉积物中 Sr、Se 的潜在生态风险系数 $E_{r,i}$。结果表明（表 5.27）：沉积物中 Sr 的 $E_{r,i}$ 值为 4.1~15.25，均属 A 级，处于低生态风险；沉积物中 Se 的 $E_{r,i}$ 值为 1.04~6.57，均属 A 级，处于低生态风险。

表 5.27　龙滩口地下河沉积物 Sr、Se 生态风险评价结果

| 点号 | Sr | | | | Se | | | |
|---|---|---|---|---|---|---|---|---|
| | $K_i$ | $C_{f,i}$ | $T_i$ | $E_{r,i}$ | $K_i$ | $C_{f,i}$ | $T_i$ | $E_{r,i}$ |
| AZ133 | 82.92% | 9.18 | 2 | 15.22 | 73.47% | 3.01 | 2 | 4.42 |
| GY02（沉积物） | 87.51% | 7.36 | 2 | 12.88 | 77.98% | 2.58 | 2 | 4.02 |
| SC053 | 75.96% | 4.91 | 2 | 7.45 | 57.27% | 5.74 | 2 | 6.57 |
| SC055 | 79.73% | 4.86 | 2 | 7.75 | 71.33% | 2.78 | 2 | 3.97 |
| YC063（沉积物） | 89.17% | 8.55 | 2 | 15.25 | 58.93% | 1.44 | 2 | 1.70 |
| SC070（上淤） | 67.37% | 3.04 | 2 | 4.10 | 61.17% | 0.85 | 2 | 1.04 |
| SC070（下淤） | 84.99% | 6.87 | 2 | 11.67 | 70.99% | 1.32 | 2 | 1.87 |

# 5.3　天津市蓟州区公乐亭泉域地下水环境质量状况调查评估

## 5.3.1　研究区概况

### 5.3.1.1　自然地理

蓟州区属天津市郊区，公乐亭泉是蓟州区境内最大的泉，位于城区西侧约 2km，出露于山区与平原交接部位，形成地表水体，沿天然渠道向南排泄。泉水常年不枯。

蓟州区处于燕山南麓低山丘陵地带和山前冲洪积平原地带。蓟州区北部山区，属燕山山脉，山脉走向呈西北至东南延伸，一般标高在 100～500m，为中低山丘陵区。山区以南为开阔的山前平原，地势自西北向东南缓缓倾斜，标高从 50m 降到 3～5m。

### 5.3.1.2　气象水文

蓟州区属暖温带半湿润季风型大陆性气候，四季分明，雨热同期，年平均气温为 11.5℃，年平均降雨量 678.6mm。

蓟州区境内主要有州河、泥河两条河流，均属蓟运河水系。泥河发源于河北兴隆县，自北向南流入蓟州区境内，在罗庄子转而由东向西流入海子水库；泥河位于公乐亭泉以北约 10km，对泉的形成有一定影响。州河位于公乐亭泉以南约 5km，泉水通过渠道排入州河。州河、蓟运河因承担了引滦输水任务，水质一直良好。受周边村民排污影响，泉域内的沟河、幺河、东赵横河等河道水质污染严重，以Ⅳ类、Ⅴ类水为主，大部分断面不符合水域功能要求。

### 5.3.1.3 区域地质

公乐亭泉出露于蓟县系雾迷山组白云岩与第四系地层接触部位，为溢出泉。雾迷山组为一套富镁的巨厚碳酸盐岩建造，以韵律性明显，富含燧石、叠层石和微古植物为特征。底部以巨厚层燧石条带白云岩底面与下伏杨庄组呈整合接触。在泉域范围内，雾迷山组倾向97°～120°，倾角40°～48°，构成盘山背斜的东翼、府君山向斜的西翼，主要发育NW30°和NE 60°两组裂隙。

盘山花岗岩体侵入于雾迷山组之中，构成轴向近SN向的盘山背斜核部（图5.62）。在花岗岩体及围岩中，辉绿岩脉发育，走向NNW，产状近于直立，宽度2～30m。最长岩脉展布于贾庄—大星峪—骆驼鞍—泥河一带，全长约10km，出露于沟谷中。

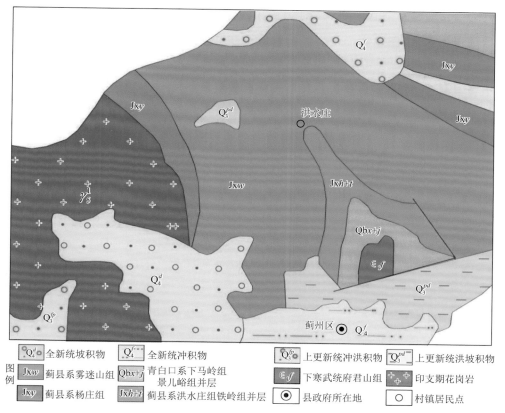

图例

| | | | | |
|---|---|---|---|---|
| $Q_4^{dl}$ 全新统坡积物 | $Q_4^{f,al,pl}$ 全新统冲积物 | | $Q_3^{fp}$ 上更新统冲洪积物 | $Q_3^{pd}$ 上更新统洪坡积物 |
| $Jxw$ 蓟县系雾迷山组 | $Qbx+j$ 青白口系下马岭组景儿峪组并层 | | $\in_1 f$ 下寒武统府君山组 | 印支期花岗岩 |
| $Jxy$ 蓟县系杨庄组 | $Jxh+t$ 蓟县系洪水庄组铁岭组并层 | | ⊙ 县政府所在地 | ○ 村镇居民点 |

**图 5.62　公乐亭泉域地质图**

花岗岩为酸性侵入岩，构造为块状构造，主要由石英、长石、云母组成。花岗岩具有多种颜色，如灰白色、灰色、肉红色等，主要由长石的种类和颜色而定，实际观察的盘山花岗岩有两组节理，风化后呈球形风化，结晶均匀，风化进度大体一致。花岗岩的变质作用为热接触变质作用，外观呈变质晕圈。

蓟县山前断裂，倾向 SE，倾角约 70°。该断裂早期为逆断层性质，后期受新构造运动影响转变为正断层，即南盘下降，接受 100～200m 第四系沉积物。

第四系沉积物以洪积、坡积、冲积为主，岩性以含砾黏土、亚黏土为主，砂层较薄。

### 5.3.1.4　水文地质条件

公乐亭泉域构成一个较完整的地下水系统，流域面积约 43km² （图 5.63、图 5.64），本区属于裸露型岩溶区，雾迷山组白云岩含水层富含岩溶裂隙水，单井涌水量为 40～100m³/h（张伟等，1992）。该系统东为辉绿岩脉，西为盘山花岗岩体围岩蚀变带及杨庄组地层，南为山前断裂，北为泥河。

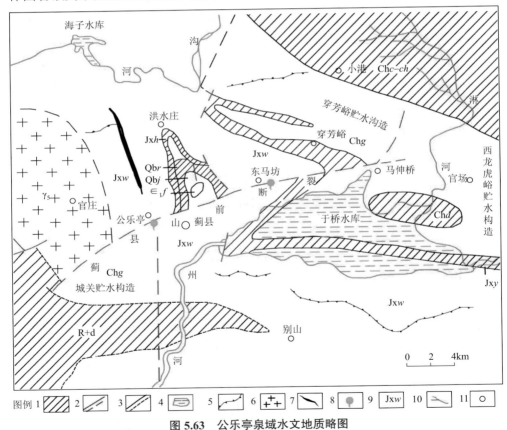

**图 5.63　公乐亭泉域水文地质略图**

1. 非碳酸盐岩；2. 断层及推测断层；3. 地层界线；4. 水库；5. 地下分水岭；6. 花岗岩体；
7. 阻水岩脉；8. 下降泉；9. 地层代号；10. 地表河；11. 居民点；Chg 为长城系高于庄组；
Chd 为长城系大红峪组；Chc-ch 为长城系常州沟组—串岭沟组

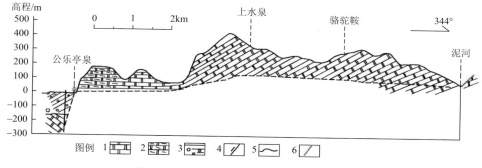

**图 5.64 泥河—公乐亭泉水文地质剖面图**

1. 白云岩；2. 白岩质灰岩；3. 含砾黏土；4. 地层线；5. 边界；6. 断层

因杨庄组及花岗岩富水性较差，单井涌水量不足 $10m^3/h$，可将泉域东西两侧视为相对隔水边界（天津市地质矿产局，1984）；山前断裂经新构造运动改造，具弱透水性，而第四系砂砾层较少，导水性较差，因此可将南侧视为弱透水边界；北部雾迷山组向北延伸，可取东西向泥河剖面作为系统的透水边界。系统内岩溶裂隙水以降水入渗补给为主，受水文地质条件控制，径流具剖面二维流特征，存在统一的深部水流系统及上水泉和骆驼鞍两个子系统，并以公乐亭泉、人工开采及南部边界侧向径流三种主要方式排泄。

公乐亭泉的形成，一方面是具有适宜的地形，良好的补给、径流条件；另一方面是受到东西两侧阻水岩脉及岩体的控制，地下水自北向南径流，受山前断裂及第四系地层弱透水边界影响溢出地表。因此公乐亭泉的成因类型为溢出泉。

在南营—公乐亭一带和东马坊一带，岩溶地下水中碳酸盐的含量尚未发现有明显的异常现象，特别是 $Mg^{2+}$ 和 $HCO_3^{2+}$ 的含量非常接近。说明断层两侧地下水有一定的水力联系，断层具弱透水性。

水化学分析表明，公乐亭泉水中 $CaF_2$、$CaSO_4$ 及 $CaCO_3$ 的饱和指数分别为0.043、0.03 及 3.02，表明泉水对 $CaCO_3$ 矿物的溶解作用已达饱和程度。在公乐亭泉水同位素组成中，$\delta D$ 值为 $-57.86$，$\delta^{18}O$ 值为 $-8.84$，氚值为 40（TU），表明泉水中当年降水补给的量占很少部分，它是近 10 年内大气降水的混合产物。因此可推论，公乐亭泉水为大气降水成因、参与深循环径流的溶滤水；地下水通过深部径流系统补给公乐亭泉，约占总补给量的 24.26%（张伟等，1992）。

### 5.3.1.5 土地利用变化特征

根据土地利用分区的原则和依据。结合自然条件、国民经济和社会发展的需要，按土地利用方向和土地管理措施的一致性，采用主导因素与限制因素相结合的方法，将土地分为农业用地、建设用地、未利用地（图 5.65）。泉域内土地利用具有如下特点。

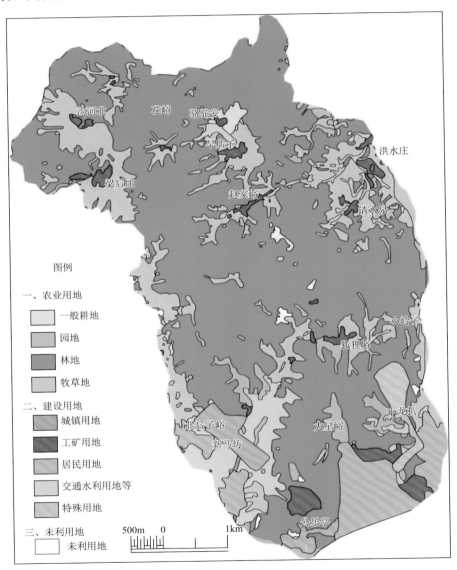

图 5.65　研究区土地利用图

（1）土地利用结构差异明显。北部山区主要为林地，中部主要为城镇建设用地，南部主要为耕地及农村居民用地。

（2）已利用土地比例高，耕地后备资源不足。

（3）建设用地较为粗犷，节约集约利用度低。工矿及农村居民用地较为分散。

（4）生态资源丰富充足，生态修复任务繁重。

（5）土地整治、保护措施不健全，部分土地资源遭到破坏。

#### 5.3.1.6　污染源类型及分布特征

目前，泉域内主要污染源为周边农村生产、生活排放的废水，山上石料厂废水等，而农业生产和农村生活是影响水环境质量的最关键因素（图5.66）。为恢复水体质量，必须对周边农村给排水设施进行改善，规划健全的给排水系统、垃圾回收等配套措施，避免农民将污水、废弃物直接排入湿地。规划时，须提供健全的技术手段，进行废弃物、污水收集和集中处理。

**图 5.66　地表水体周边的生活垃圾**

### 5.3.2　水环境质量评价

因泉域内地下水露头少，仅在泉域下游排泄区布设 2 个监测点（图5.67），一个为泉出口（jxglt0l）、一个为机井（jxdxy0l）。采用《地下水质量标准》（GB/T 14848—2015），综合考虑各种影响因素，选取 $K^+$、$Na^+$、$Ca^{2+}$、$Mg^{2+}$、$Al^{3+}$、总硬度等 27 个指标作为主要影响因子（表 5.28），对公乐亭泉域地下水环境质量进行评价。

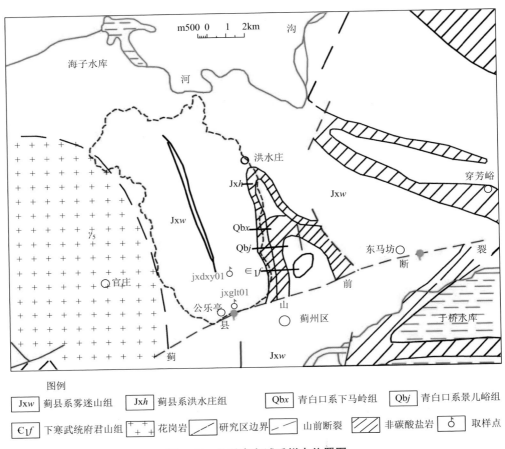

图例

| Jxw | 蓟县系雾迷山组 | Jxh | 蓟县系洪水庄组 | Qbx | 青白口系下马岭组 | Qbj | 青白口系景儿峪组 |

| ∈₁f | 下寒武统府君山组 | +++ | 花岗岩 | ⌇ | 研究区边界 | ⌇ | 山前断裂 | ⫽⫽ | 非碳酸盐岩 | ♂ | 取样点 |

**图 5.67　公乐亭泉域采样点位置图**

**表 5.28　公乐亭泉域地下水化学分析结果**　　　　　单位：mg/L

| 测试项目 | jxdxy01 | jxglt01 |
|---|---|---|
| K⁺ | 0.63 | 1.66 |
| Na⁺ | 9.56 | 6.31 |
| Ca²⁺ | 85.91 | 73.26 |
| Mg²⁺ | 41.91 | 36.37 |
| Al³⁺ | <0.02 | <0.02 |
| NH₄⁺ | <0.04 | <0.04 |
| Cl⁻ | 15.76 | 15.76 |
| SO₄²⁻ | 43.62 | 38.52 |
| HCO₃⁻ | 362.7 | 305.1 |

续表

| 测试项目 | jxdxy01 | jxglt01 |
|---|---|---|
| $CO_3^{2-}$ | 0.00 | 0.00 |
| $NO_3^-$ | 56.40 | 40.00 |
| $F^-$ | 0.22 | 0.44 |
| $I^-$ | <0.020 | <0.020 |
| $NO_2^-$ | 0.010 | 0.036 |
| 总硬度（$CaCO_3$） | 387.3 | 332.6 |
| 溶解性总固体 | 448.9 | 375.7 |
| 耗氧量 | 0.87 | 1.02 |
| 偏硅酸 | 17.60 | 14.09 |
| Fe | 0.040 | 0.015 |
| Mn | 0.002 | 0.003 |
| Pb | 0.002 | <0.001 |
| Zn | 0.256 | 0.038 |
| Cd | <0.002 | <0.002 |
| Cr(Ⅵ) | <0.004 | <0.004 |
| Hg | <0.0001 | <0.0001 |
| As | <0.001 | <0.001 |
| Se | <0.001 | <0.001 |

　　综合指数法评价结果表明（表 5.29），公乐亭泉域总体的水质较差，均超过了Ⅲ类水质标准；水质影响因子为 $NO_3^-$。这与该地区的污染源类型有关。公乐亭泉域内的污染源主要为居民生活污水和农业面源污染，这些污染源主要集中在泉域的西南部地区及中北部地区。西南部地区即公乐亭至蓟州区域为一带，人口密集，生活污水排放量大，生活污水下渗造成 jxdxy01 和 jxglt01（公乐亭泉） $NO_3^-$ 污染。

表 5.29　公乐亭泉域地下水质量综合指数法评价结果

| 取样点 | 评价级别 | | |
|---|---|---|---|
| | 综合指数值 | 程度 | 水质级别 |
| jxdxy01 | 7.099 | 较差 | Ⅳ |
| jxglt01 | 7.112 | 较差 | Ⅳ |

### 5.3.3 地下水防污性能评价

公乐亭泉域属于裸露型岩溶区，本次防污性能评价仍然采用 PLEIK 模型；评价结果如图 5.68 所示。共分 3 个区，分别为防污性能好、防污性能中等和防污性能差。

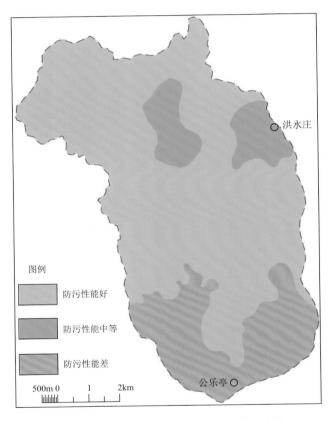

**图 5.68 天津公乐亭泉泉域防污性能评价图**

防污性能好区主要分布在研究区的中部和北部，范围从官庄花岗岩区至洪水庄组与雾迷山组地层分界线，该地区灰岩裸露，地层为蓟县系雾迷山组，岩性为白云岩，岩溶网络发育较差，属于微弱发育的岩溶网络，含水介质为雾迷山组岩溶裂隙，地下水储存在 50m 以下由岩溶裂隙构成的导水通道和储水空间内，形成岩溶裂隙水。该区远离村镇，人口较少，人类活动较弱，土地利用类型以园地和林地为主，保护性盖层厚度较大，该区主要接收北部沟河的侧向补给和降水补给，以降水补给为主，由于岩溶发育程度较差，降水补给形式为面状补给。因此该区的防污性能较好。

防污性能中等区分布在研究区的东北部，范围为洪水庄至旱店子一带，该区岩性为蓟县系雾迷山组白云岩，岩溶网络不太发育，属于微弱发育的岩溶网络，地下水赋存在雾迷山组岩溶裂隙中。该区村庄较多，人类活动影响明显，污染源为周边农村生产、生活排放的污水，土地利用类型以城镇工矿用地为主，土壤盖层较小，该区主要接纳降水补给，因此该的防污性能中等。

防污性能差区分布在研究区的南部，范围是辉绿岩脉以南，官庄花岗岩区至洪水庄组与雾迷山组地层分界线，该区地层为蓟县系雾迷山组，岩性为白云岩，相比于其他地区，岩溶网络相对发育，雾迷山组内存在岩溶裂隙，岩溶裂隙构成导水与储水空间，地下水多赋存于此。该区内县镇和村庄较多，人类活动强烈，污染源也较多（生活污水、工业污水），土地利用类型也以城镇工矿用地为主，土壤盖层小，且该区位于整个研究区的排泄区内，补给一些污染源（洪水庄至旱店子一带）也会使该区的防污性能偏低，因此该区的防污性能差。

## 5.3.4 地下水污染防治区划

根据水文地质分区、水资源属性、土地利用现状以及存在的水环境问题，对公乐亭泉域地下水污染防治区划进行分区，划分重点防护区、一般防护区、自然防护区（图 5.69）。

### 5.3.4.1 重点防护区

主要是泉域的排泄区位于系统的南部，范围为岩脉以南，官庄花岗岩区以东，洪水庄组以西，该区为灰岩裸露区，含水介质为蓟县系雾迷山组白云岩中发育的溶孔和溶蚀裂隙，该区接收大气降水补给，从北向南流动，受蓟县山前断裂及第四系地层弱透水边界影响，在地表低洼处形成泉群，排泄岩溶水。该区蓟州区城内至公乐亭一带，人口众多，人类活动明显，污染源较多，尤其是石料厂所造成的工业污染以及县城的生活污染，这些污染物在岩溶裂隙发育区会深入地下，并随着地下水向南流动，易使公乐亭泉受到污染，防护性能差。

### 5.3.4.2 一般防护区

主要是泉域的东北部补给区，范围为洪水庄至旱店子一带，该区的含水介质为白云岩中发育的溶孔和溶蚀裂隙，该区的土地利用类型以城镇工矿用地为主，土壤盖层较薄，虽然有污染源，但多是农业污染（如化肥和生活废水污染），工业污染较少，防护性能中等。

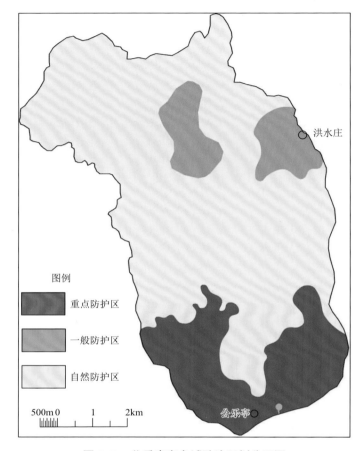

**图 5.69　公乐亭泉泉域防治区划分区图**

### 5.3.4.3　自然防护区

主要是泉域内的补给区和径流区（研究区的中部和北部），该区远离城镇，污染源较少，土地利用类型为园林和林地，植被覆盖率较高，土壤保护盖层较厚，其中岩溶补给区主要接收泥河的侧向补给和大气降水补给，补给源水质较好，地下水径流过程中受到污染较少，因此应设为自然防护区。

# ◖5.4　南北方地下水环境质量调查评估差异性

受地质和水文地质条件影响，南方地下河系统和北方岩溶泉域的地下水环境质量调查评估所采用的技术方法有一定的差异，主要体现在以下几方面。

（1）北方岩溶泉域以深埋藏型岩溶为主，泉域边界范围及性质的确定相对困难，需要开展大量的勘探与系统的监测才能获取相关信息。

（2）对北方岩溶区水文地质补充调查时很难通过地表露头掌握区域岩溶发育情况，必须采取地球物理勘探、水文地质钻探及水文测井等综合性技术方法来完成；在西南岩溶区最常使用的示踪试验在北方岩溶区很难开展。

（3）北方岩溶泉域含水层多为相对均匀的孔洞—裂隙含水层，在开展水资源评价、污染物运移等预测评估时可采用相对简单的数学模型进行计算；而南方地下河系统很难利用数学模型进行刻画，也就不能开展定量计算。

（4）在北方，岩溶含水层上部多覆盖煤系地层，岩溶地下水经常受煤矿开采影响；因而硫同位素在北方岩溶区水质评价和污染物来源分析上具有不可替代的效果。

（5）对北方岩溶泉域的"三水"转化和污染途径的分析更为复杂，需要从岩溶水系统的水资源要素构成及转化关系着手，在掌握岩溶水循环条件基础上，根据污染源分布和特征污染分析来定量研究污染途径。

（6）常用的几种防污性能评价方法在北方岩溶区的应用效果不甚理想，因为污染物随侧向补给比通过垂向入渗对地下水质量的影响更大；因此，含水层的导水性（一般采用地下水径流模数表示）和含水层结构类型在防污性能评价中权重更大，而垂向补给类型与补给量则处于相对较弱的地位。

# 6 岩溶水系统污染模式

## ◖6.1　地下河污染模式构建

地下水污染是指在人为影响下，地下水的物理、化学或生物特性发生不利于人类生活或生产的变化的现象（王大纯等，2010）。隐蔽性、滞后性及难逆转性是孔隙裂隙渗流型地下水污染所具有的污染特征。作为特殊的地下水体，地下河污染则与孔隙裂隙渗流型地下水污染有着显著差别。对应孔隙裂隙渗流型地下水污染的三个特征，地下河有指向性、半滞后性、较易逆转性三个特征（图6.1）。其中指向性是指污染物的扩散、迁移主要在地下河管道中进行，具有明确的方向；半滞后性是指地下河往往具有地表河特征，具有较快的流速，迁移滞后时间往往较孔隙水短，相对而言具有半滞后特征；较易逆转性同样是针对孔隙裂隙渗流型地下水难逆转性特征来说，这是由于西南地区地下河在降雨、管道沉积物、水力坡度等因素的影响下具有较强的自净能力，在切断污染源的条件下，污染程度降低的速度往往较孔隙裂隙渗流型地下水快。除上述三个基本污染特征外，地下河污染还具有两个独特特征。一方面，岩溶差异性发育导致地下河管道具有线状特性，相应地污染具有线状特性，而与之对应的孔隙裂隙渗流型地下水由于具有较为均一的含水层，使得污染具有面状扩散的特征，对应的地表河流污染则有带状特征（图6.1）。另一方面，地下河往往具有地表河流的特征，其地下水流速往往较一般的孔隙水要快数个数量级，导致其对降雨响应积极，使得其呈现间歇性（或季节性）污染特征。总体上，地下河污染特征的典型性介于地表水污染和孔隙裂隙渗流型地下水污染之间。

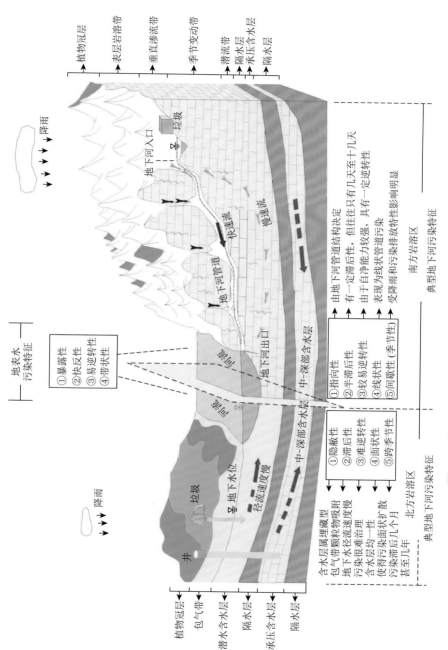

图 6.1 地下河污染与其他水体污染间的比较（Zhou et al., 2018）

结合上述地下河污染特征，参照"农业非点源污染模式""大气污染物扩散模式""地下水污染模式"等污染模式概念，将地下河污染模式定义如下：在结合污染源、污染途径、污染受体等基本要素及相应衍生要素的前提下，通过系列水文地质剖面综合反映地下河污染程度、污染过程的水文地质模型，也可称为广义地下河污染模式；与之相对的狭义地下河污染模式，是指在考虑水文地质模型的基础上，充分结合数学模型量化特点，定量地表达地下河污染程度和污染趋势。地下河污染模式与大气污染模式、一般地下水污染模式等有着共性，即它们都是为了表达污染受体的污染程度和污染过程；同时也有自身的特性，其中地下河污染模式是在一般地下水污染模式的基础上，通过将污染源、污染途径等因素叠加到水文地质剖面上来反映污染过程和污染程度，而大气污染模式、一般地下水污染模式主要是通过数学公式来定量刻画污染程度与污染趋势。

## 6.1.2 地下河污染模式概念模型及污染模式分类

地下河污染往往不是由某一因素决定，而是与多个因素相关。本节利用过程分析及水文地质系统法，确定对西南岩溶区地下河污染模式刻画有较大影响的因素，首次建立了岩溶区地下河污染模式概念模型（图6.2）。从概念模型可以看出，地貌类型、污染源、污染途径、污染受体构成了岩溶区地下河污染模式的基本要素。根据2011～2015年的"西南岩溶区地下水污染调查"和"西南主要城市地下水污染调查"两个项目的调查测试数据及国内外相关文献（Neill et al.，2004；曹建华等，2005），发现存在以下两条规律：①从污染源的角度来看，内源性污染（矿藏开采所引起的环境问题）较外源性污染（人类活动从其他地方带来的污染物）持久、难治理；补给区污染较径流排泄区污染影响大、难治理；生活—工矿复合污染是常见类型，其污染程度往往较单一污染源类型重。②从污染途径角度来看，岩溶洼地、消水洞、伏流入口、天窗、竖井等往往是主要污染途径，钻井、人工隧道、渠道等人为途径为次要污染途径。另外，在进行土壤和地下水特征污染物选取的过程中，需按照污染物在土壤和地下水中的检出和超标情况、分布范围及生物毒性来综合考虑，一般以共同污染物为特征污染物（李小牛等，2014）。由于在污染过程中，雨水、地表水、表层岩溶泉水往往既是地下河的补给来源，又是污染源进入地下河的载体，因此要充分考虑到载体的特性及时空变化规律。

为了有效揭示地下河复杂的污染过程及程度，首先需要对污染过程进行分解，将多源污染、多段污染分解为单源污染、定段污染。在单源、定段污染刻画的基础上，再将分解过程进行组合、叠加，最终达到刻画复杂污染过程的目的（Zhou et al.，2018）。为此，在讨论单源、定段污染问题前，需进行以下条件限制：①不讨论地下河所处的地貌、埋藏条件的多样性，暂时弱化地形、地貌对其的影响；②不讨论地表水与地下水交换的频繁性，将其概化成交替单一性问题；③不讨论污染的多源性,将其概化成一个暗箱点源问题(暗箱里面可以是单一污染源,也可以是复合污染源)。在上述三个限定条件基础上,按照污染源在地下河中所处的位置,将地下河污染模式分为补给区污染型、径流区污染型、排泄区污染型三个基本污染模式。然后结合"污染源类型""污染源排放特性""污染物进入地下河管道的过程"等进一步将地下河污染模式划分为 8 种衍生模式(表 6.1)。在污染模式刻画的过程中,通过将基本模式与基本模式、基本模式与亚类模式、亚类模式与亚类模式进行组合、叠加,可进一步分为几十个次一级衍生模式。在地下河污染模式命名过程中,建议按照"地貌类型"+"基本污染模式"(可单一,也可组合)+"亚类污染模式"(可单一,也可组合)的格式进行命名,另外亚类模式可以根据实际情况进一步细化。限于篇幅,本节着重讨论三个基本模式,以及三个限定条件与地下河污染模式之间的动态关系。

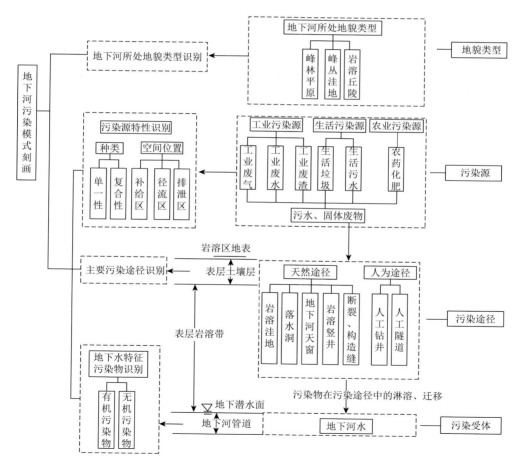

**图 6.2 地下河污染模式概念模型**

**表 6.1　地下河污染模式分类**

| | Ⅰ级基本模式 | | Ⅱ级模式 | |
|---|---|---|---|---|
| | 基本模式限定条件 | 基本模式分类 | 亚类模式限定条件 | 亚类模式分类 |
| 地下河污染模式 | ①不讨论地下河所处的地貌、埋藏条件的多样性，暂时弱化地形、地貌对其的影响 ②不讨论地表水与地下水交换的频繁性，将其概化成交替单一性问题 ③不讨论污染的多源性，将其概化成一个暗箱点源问题 | I₁ 补给区污染型 I₂ 径流区污染型 I₃ 排泄区污染型 | 按照污染源类型 | Ⅱ₁ 无机 Ⅱ₂ 有机 |
| | | | 按照污染源排放特性 | Ⅱ₃ 间歇性 Ⅱ₄ 持续性 |
| | | | 按照污染物进入地下河管道的过程 | Ⅱ₅ 灌入式 Ⅱ₆ 入渗式 Ⅱ₇ 潜流式 Ⅱ₈ 越流式 |

## 6.1.3　地下河污染模式的三种基本类型

### 6.1.3.1　补给区污染型

补给区污染型主要是指污染源分布在地下河入口及其上游区域，污染物在雨水淋滤作用下通过地表径流或垂直入渗流，由地下河入口或岩溶裂隙等进入地下河管道，导致地下河受到污染。在污染强度未超过地下河自净能力时，污染物有随径流途径加长而逐渐衰减的特性（Vukosav et al.，2014；Dautovićj et al.，2014；任坤等，2015），并呈现出上游段污染而下游段不污染或污染程度轻的特征（表 6.2，图 6.3）；当污染强度超过地下河自净能力时，污染物随径流途径加长且衰减不明显，并呈现出从上游至下游均污染的特征。当此类地下河处于人类活动密集的区域，其一旦污染往往由于污染范围广、影响人口多而对区内人们生产、生活造成恶劣的影响。治理难度因地下河管道结构复杂程度、埋藏情况及污染排放历史等因素而定，当污染源下伏土层稀疏、地下河管道畅通、污染历史短暂时，污染源未切断前，地下河呈现出持续性灌入式或持续性入渗式污染特征，污染源切断后，地下水水质往往会较快地得到恢复，此时治理难度相对容易；当污染源下伏土层厚—较厚、地下河管道畅通性差、污染历史长时，污染源切断后，由于包气带和地下河沉积物中富集了较多的污染物，存在二次释放的风险（杨平恒等，2013），地下水水质往往经过几年甚至几十年仍难得到恢复。此时地下河往往在降雨作用下呈现出间歇性缓释式污染特征，治理难度大。

表 6.2 岩溶区地下河基本污染模式主要特性

| 参数 | 补给区污染型 | 径流区污染型 | 排泄区污染型 |
|---|---|---|---|
| 污染源位置 | 地下河入口及其上游区域 | 地下河中游的径流区 | 地下河出口附近 |
| 污染物迁移动力 | 降雨冲刷、水重力驱动 | 降雨冲刷、水重力驱动 | 降雨冲刷、水重力驱动 |
| 污染物进入地下河水的方式 | 灌入、入渗等 | 灌入、入渗等 | 灌入、入渗、河水倒灌等 |
| 污染途径 | 地下河入口、岩溶裂隙等 | 龙潭、消水洞或岩溶裂隙等 | 地表河、消水洞或岩溶裂隙等 |
| 自净特点 | 一般随径流途径加长而逐渐衰减 | 一般随径流途径加长而逐渐衰减 | 自净能力极弱 |
| 污染特征 | 污染源及其下游区域均可能受影响 | 上游不受影响，下游受影响 | 上游不受影响，下游受影响 |
| 影响范围长度 | 长 | 较长 | 短 |
| 治理难易程度 | 受污染源区包气带土层厚度、地下河埋藏深度、管道畅通程度及污染排放特征影响，总体治理难度大 | 受污染源区包气带土层厚度、地下河埋藏深度、管道畅通程度及污染排放特征影响，总体治理难度较大 | 受地表水水位与地下河水位落差及污染源排放历史影响，总体治理难度小 |

### 6.1.3.2 径流区污染型

径流区污染型主要是指污染源分布在地下河中游的径流区（沿途存在一定的分散补给），污染物在雨水淋滤作用下通过地表径流或垂直入渗流，由溶潭、消水洞或岩溶裂隙等进入地下河管道，导致局部地下河段受到污染。在污染强度未超过该段地下河自净能力时，污染物有随径流途径加长而逐渐衰减的特性，并呈现出输入段污染而下游段不污染或污染程度轻的特征（表 6.2，图 6.4）；当污染强度超过地下河自净能力时，污染物随径流途径加长且衰减不明显，并呈现出从输入段至下游均污染的特征。当此类地下河处于人类活动密集的区域，其一旦污染往往由于污染范围较广、影响人口较多而对区内人们生产、生活造成较大的影响。治理难度因地下河管道结构复杂程度、埋藏情况、污染排放历史及上游未污染水流量而定，当污染源下伏土层稀疏、地下河管道畅通、污染历史短暂、上游来水较多时，污染源切断后，地下水水质往往会较快得到恢复，此时治理难度相对容易；当污染源下伏土层厚—较厚、地下河管道畅通性差、污染历史长、上游来水较少时，污染源切断后，由于包气带和地下河沉积物中富集了较多的污染物，存在二次释放的风险，地下水水质同样在经过几年甚至几十年仍难得到恢复。但由于污染段上游有清洁管道水补给，同等污染排放条件下，污染自净能力要较补给区污染型强，治理难度相对大。

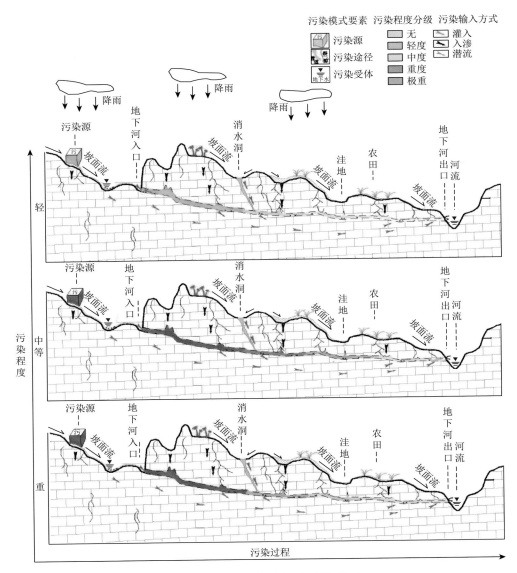

图 6.3　补给区污染型地下河污染模式

### 6.1.3.3　排泄区污染型

　　排泄区污染型主要是指污染源分布在地下河出口附近，污染物在雨水淋滤作用下通过地表径流或垂直入渗流直接进入地表河或由岩溶裂隙进入地下河管道，导致地下河出口附近受到污染。当地表河水位低于地下河出口水位时，由于污染物未直接进入地下河或部分通过裂隙进入地下河，进入地下河的污染物径流途径

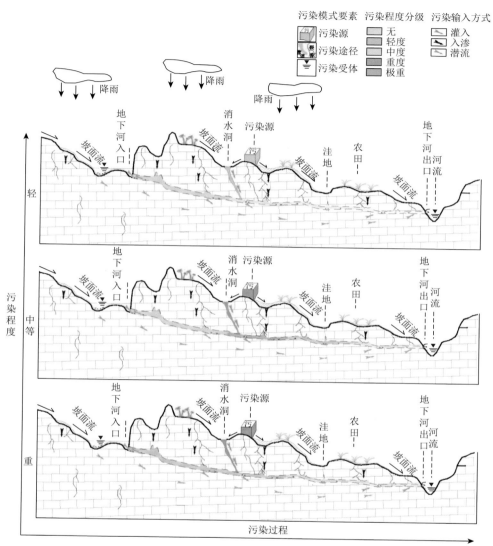

**图 6.4　径流区污染型地下河污染模式**

短，往往表现出地下河出口水质受到一定影响（表 6.2，图 6.5），但影响有限；当地表水水位高于地下河出口水位时，往往会存在地表水倒灌风险，使得地下河出口及其以上一定范围内水体受到污染。此类地下河无论处于人类活动密集的城市区域，还是人口稀少的农村区域，由于污染范围小，对地下河沿线的人们生产、生活影响有限。治理难度因地表水水位与地下河水位落差及污染排放历史而定，当地表水水位一直高于地下河水位时，污染源未切断前，地下河呈现持续性倒灌式污染特征；污染源切断后，由于地表水水质变好而使得地下水水质较快得到恢复。当地表水水位一直间歇性地高于地下河水位时，地下河出口及其上游一定范围内往外呈现出间歇性倒灌式污染，污染源切断后，由于地表水水质变好而使得地下水水质较快得到恢复；当地表水水位低于地下河水位时，地下河出口水质仅受到附近污染源垂直入渗流影响，污染程度受污染排放控制，此类污染往往在污染源切断后，污染会得到有效控制，治理难度小。

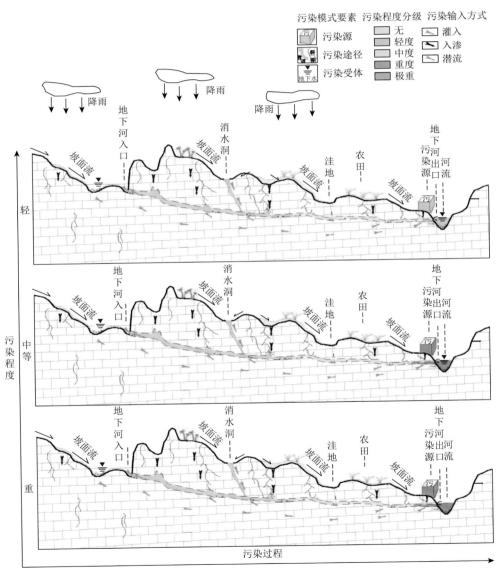

图 6.5　排泄区污染型地下河污染模式

## 6.1.4　限定条件与地下河污染模式之间的动态关系

针对前述地下河污染模式建立的三个条件，当满足限定"条件①"、"条件②"，而不满足"条件③"时，由于污染源的分散性，往往会导致进入地下河中的污染物和污染过程异常复杂。当单个点状污染输入为主要矛盾时，可以将其概化成点源暗箱污染问题，通过污染模式就能刻画污染程度和污染过程。当面源（或多点源）污染输入为主要矛盾时，这时需概化成面源污染问题，污染模式刻画需结合实际情况而定。

当满足限定"条件①"、"条件③"，而不满足"条件②"时，地下河水污染往往随着地表水与地下水交替的频繁而得到降低，其中挥发性有机物和低价态的无机物在地表水与地下水频繁的交替过程中衰减尤为明显。与之相反，则为"基本污染模式"所讨论的交替"单一性"问题。

当满足限定"条件②"、"条件③"，而不满足"条件①"时，由于水力坡度的差异，污染物在地下河管道中的迁移速度为岩溶峡谷区＞峰丛洼地、峰丛谷地＞峰林平原区。由于覆盖程度的不同，污染物进入地下河管道的难易程度为埋藏型＞覆盖型＞裸露型，污染治理难易与之一致。

## 6.1.5　地下河污染模式识别与构建方法

在实际调查研究过程中，为了能够有效合理地揭示某一具体地下河所属的污染模式类型，需要一个合适的污染模式识别程序或方法。本节根据近几年来地下水污染调查研究的实践经验，利用过程分析法来阐述 PISAB 法在地下河污染模式识别中的应用。PISAB 法是由 preliminary、investigation、sampling、analysis、building 五个单词首字母构成的，分别代表了"前期研究""野外调查""采样和实验""综合分析""模式构建"五个步骤，具体如下。

P（preliminary study）——前期研究。包括资料收集与分析，其中资料收集内容应包括大气、土壤、地表水及地下水监测资料，地形地貌、地质、水文地质、环境地质、工程地质等综合性或专项的调查研究报告、专著、论文及图表，野外实验和室内实验测试资料，阶段性和综合分析研究成果，土地利用、经济社会发展及与污染源有关的调查统计资料等。尤其是要收集以往开展的地下水示踪试验资料。根据调查项目的目的、任务与要求，整理、汇编各类资料，对各类量化数据进行统计，编制专项和综合图表，建立相关资料数据库；综合分析调查区地质、水文地质资料，系统了解区域地下水资源形成、分布与开发利用情况；初步掌握"双源"（水源和污染源）分布特征，编录重要污染源信息，了解重要污染源类型及分布情况；分析地表水、地下水质量分布及污染情况；掌握研究程度，编制工作程度图；提出存在的问题，草拟工作方案，明确工作重点。

I（field investigation）——野外调查。针对岩溶区特殊的地质结构，需根据调查区特点分别选用适宜的调查方法。针对岩溶城市区地下水露头少、表层土多被水泥路面覆盖、市政规划有一定的规律性等特点，应以城市功能区划为基础，以岩溶地下河系统为单元，地表水与地下水转换关系为纽带，与地表水污染、大气污染和土地利用及经济社会发展等方面调查相结合，按建成区、在建区、扩建区三个层次综合开展重点岩溶区地下河污染调查。具体的调查技术方法包括遥感解译、地面调查、水文地质钻探、水文测井、水文地质试验、水文地质物探、示踪试验等。通过野外调查，理清地下河系统所处的地貌类型，基本查清地下河系统范围内污染源的种类及空间分布特征，查清地下河系统范围内的天窗、消水洞、洼地等污染途径的分布情况，探明地下河系统所处的水文地质条件，初步分析地下河的污染特征。

S（sampling and experiment）——采样和实验。针对污染源及污染途径的分布特征，结合水文地质条件制定详细的采样与实验计划，以便通过水化学、同位素、示踪等方法进一步查清污染物种类、污染程度、污染的空间分布及其在地下河管道中的迁移特征。在采样过程中，应在采样点中选择监测点对地下河管道沿线的主要水点开展地下水污染监测。在野外试验（如示踪试验）、室内实验（如柱状实验等）的过程中，尽可能多求取一些水文地质参数或污染物运移参数。

A（comprehensive analysis）——综合分析。结合地下河空间展布特征，运用数理统计方法从多个角度对测试结果进行详细分析，揭示地下河污染区段、污染程度、污染趋势，揭示特征污染物。

B（pattern building）——模式构建。在上述四步骤的基础上，对照地下河基本污染模式、衍生污染模式，建立研究对象污染模式。根据具体污染模式给出针对性的污染修复与治理措施。

## ◐ 6.2 典型岩溶地下水系统污染模式

在开展西南岩溶区地下水污染调查评估过程中，我们以岩溶地貌类型为基础，根据含水层结构、污染源分布特征和水动力条件的差异，详细分析了岩溶地下水系统遭受的污染程度和污染物迁移转化规律的差异性；据此建立了4种典型的地下水污染模式：峰林平原区岩溶地下水污染模式、峰丛岩溶区气象间歇式污染模式、峰丛谷地区城市下水道式污染模式、岩溶谷地次生污染源持久缓释式污染模式。

## 6.2.1  峰林平原区岩溶地下水污染模式

峰林平原区具有地表水与地下水的转化频繁而迅速,地表防污性能较差的特点。

在峰林平原区,地下水从峰丛洼地接受大气降水补给后,先以管道流方式,沿洼地、谷地运动至峰丛谷地及裸露岩溶与覆盖岩溶的接触带,一部分以暗河、泉水的形式排出地表,另一部分以潜流形式流入峰林平原,与平原地区接受大气降水和地表水补给的地下水汇合;然后再以流网方式向河谷阶地汇集,补给第四系孔隙潜水;最后向地表水体排泄(图6.6)。因峰林平原区各地段的地形高低和含水层覆盖的厚度不一样,导致其地下水循环条件也有差异。地势平坦、低洼的峰林平原及河谷阶地区,含水层多被覆盖,地下水渗流途径较远,排泄相对缓慢,循环交替不如峰丛洼地区迅速,稀释、自净能力也相对减弱。河谷阶地区的地下水又比峰林平原区的慢,稀释能力更弱。

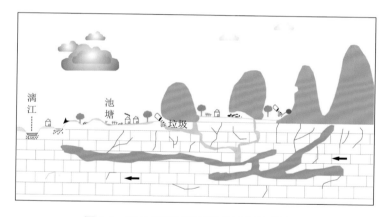

**图6.6  峰林平原区岩溶地下水污染模式图**

峰林平原区,各种污染物堆放在地面、脚洞、溶洞或水塘周围,在降雨的冲刷和淋滤作用下,以捷径式或入渗方式进入含水层,污染地下水。脚洞是污染物进入含水层的主要通道或途径。

桂林是典型的峰林平原区,污染物进入地下水的途径主要有以下几种。

(1)从溶洞、落水洞(消水洞)及溶隙排入含水层。如20世纪80年代初,绢纺厂、大风山化工厂等十几个单位,直接或间接地将工业废水、生活污水排入溶洞或溶隙中,不仅造成这些排污附近的地下水受到污染;而且峰林平原区岩溶水在溶洞和管道内的运动速度快、扩散范围大,造成下游二十多个水源地严重污染以致废弃。

（2）由排污湖塘渗入含水层。20 世纪 90 年代初前，桂林市城郊没有统一的排污管渠系统和处理场所，一部分污水、垃圾直接排入湖塘，造成地下水污染。尽管目前城市的排污管网和污水处理设施日渐完善，但城市周边的农村地区养殖废水仍然无序排放，已造成浅层岩溶水的明显污染；如茶店村、上窑头村等周边的养殖业废水和固废的无序排放已造成该地区大部分的浅层岩溶水三氮超标。

（3）沿地表河、溪、渠等地表水体渗入含水层。峰林平原区地表水和地下水转化频繁，而穿城而过的地表溪沟往往是污水、污染物排放的场所和通道，如灵剑溪、南溪河、小东江等近 20 年来一直作为黑臭水体被市民和游客所诟病，被污染的地表水和地下水转换时会造成地下水污染。

### 6.2.2　峰丛岩溶区气象间歇式污染模式

峰丛岩溶区发育典型的地表-地下双层空间结构，受污染的地表水和污染物可通过漏斗、消水洞、宽大的溶缝等通道直接进入地下河，快速污染地下水。污染物为固态且堆积在峰丛坡地上，只有在降雨的淋溶作用下才能将污染物带入地下，间歇式地污染地下水。据此建立了峰丛岩溶区气象间歇式污染模式（图 6.7）。

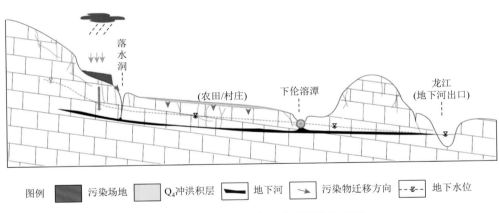

图 6.7　峰丛岩溶区气象间歇式污染模式图

该污染模式的主要特点是：污染物只随降雨径流通过落水洞、溶缝等进入地下河污染地下水；随降雨过程，污染物浓度呈低—高—低变化规律；污染物同时具有面状、点状补给方式。

河池市马道地下河下伦段为典型的气象间歇式污染模式。马道地下河下伦段曾于 2008 年受到某冶金化工公司含 As 等有毒元素废渣淋滤液的污染，现存的污染源仍为废渣场，位于峰丛的山坡之上，下游发育多个落水洞。监测显示，每到降雨时，下伦溶潭的地下水污染程度就增加；但在长期干旱时，下伦溶潭地下水质量趋于好转甚至可达到Ⅲ类地下水质量标准。

在降雨期间，$Ca^{2+}$和$HCO_3^-$浓度均有一定程度的降低（表 6.3），表明大气降水具有明显的稀释效应；但 Mn 和 As 浓度却比降雨前有大幅度上升，说明污染物随降雨形成的径流进入了地下水中。从三氮的浓度变化分析可以发现，在降雨期间，氨氮浓度显著上升；雨后短期内，在亚硝化菌作用下，氨氮转化为亚硝酸盐氮，使得雨后地下水中亚硝酸盐浓度上升 25 倍；随着无雨期的延续，在硝化菌的作用下，亚硝酸盐氮转化为硝酸盐氮，地下水中的硝酸盐浓度因此上升 2.5 倍。

表 6.3　下雨前后地下水水化学变化　　　　　　　　单位：mg/L

| 采样时段 | $Ca^{2+}$ | $Mg^{2+}$ | $HCO_3^-$ | $NO_3^-$ | $NO_2^-$ | $NH_4^+$ | Fe | Mn | As |
|---|---|---|---|---|---|---|---|---|---|
| 雨前 | 92.93 | 6.1 | 240.32 | 11.76 | <0.002 | <0.02 | 0.037 | 0.021 | 0.0098 |
| 暴雨后期 | 78.99 | 6.47 | 225.29 | 3.89 | 0.03 | 0.3 | 0.03 | 0.18 | 0.012 |
| 雨后 3 天 | 92.58 | 3.38 | 251.25 | 4.59 | 0.75 | <0.02 | 0.029 | 0.0294 | 0.008 |

## 6.2.3　峰丛谷地区城市下水道式污染模式

在西南岩溶区地下河管道发育的城市，受市政设施不完善的影响，经常会发生工业废水、生活污水等通过地表水体直接排入地下河管道内的情况，尤其是在城镇化发展迅速、经济基础较差的城郊地区，将地下河管道当成"城市下水道"的现象极其普遍（图 6.8）。如柳州市鸡喇地下河、开阳县响水洞地下河、南丹县里湖地下河等，均已成为名副其实的"城市下水道"。更有一些不法企业通过地下河管道偷排工业废水和废渣，导致水污染事故频发。

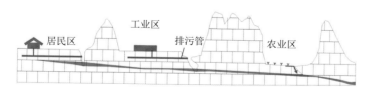

图 6.8　峰丛谷地区城市下水道式污染模式图

因城市生活污水排污的连续性，加上一定量的地表水体，已成为"城市下水道"的地下河流量相对较大，具有地表河的典型径流特征，以点状集中补给为主，且污染物种类多。另外，城市生活污水排放具有明显的昼夜规律，导致地下河水质也呈现规律性变化。

### 6.2.4 岩溶谷地次生污染源持久缓释式污染模式

在裸露型岩溶区，经常在碳酸盐岩表面发育有厚度不一、性质差异较大的覆盖层（坡残积或冲洪积层）；当上覆土层黏粒含量大于30%时，便会通过物理和化学吸附作用，截留部分随地表水入渗的污染物，覆盖层厚度越大、黏粒含量越高，所吸附的污染物就越多。覆盖层内吸附的污染物在入渗水的作用下，会产生解吸现象，尤其是在酸雨等作用下，土层内被吸附的污染物析出强度显著增加；因此，当覆盖层内被吸附的污染物量达到一定程度时，便可成为一个次生污染源，尤其是在不断得到地表污染物补充的情况下，该覆盖层就成为一个稳定的次生污染源，会对岩溶水产生持久性的污染。

据此，建立了岩溶谷地次生污染源持久缓释式污染模式（图6.9）。该模式的条件和特点是：污染源位于补给区地表；碳酸盐岩面上覆盖有一定厚度且黏粒含量较高的孔隙含水层，地下水位常在基岩面之上；污染物随降水不断向孔隙含水层内迁移并被截获；被吸附的污染物在孔隙含水层水流的作用下，持续地补给地下河水，形成一个稳定的次生污染源。

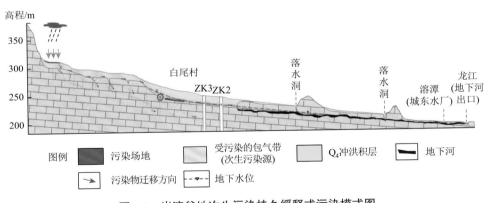

**图 6.9　岩溶谷地次生污染持久缓释式污染模式图**

河池市岜片地下河子系统内曾在1995年发生过砒霜厂泄漏事故，造成整条地下河被As污染。20年来的监测显示，岜片地下河水中As长期保持在0.05mg/L，且在暴雨期As浓度会显著增加。调查显示，近20年来，在岜片地下河上游补给区内、原污染场地的下游第四系冲洪积含水层内，已经形成了一个特殊的稳定的次生污染源。

# 参 考 文 献

曹建华，袁道先，裴建国，等，2005. 受地质条件制约的中国西南岩溶生态系统[M]. 北京：地质出版社.

陈鸿汉，2005. 北京市地下水有机污染调查[R]. 北京：中国地质大学（北京）.

陈学时，易万霞，卢文忠，2004. 中国油气田古岩溶与油气储层[J]. 沉积学报，22（2）：244-253.

陈颖，2013. 基于信息熵理论的水文站网评价优化研究[D]. 武汉：武汉理工大学.

陈植华，2001. 地下水观测网的若干问题与基于信息熵的研究方法[J]. 地学前缘，8（1）：135-142.

陈植华，2003. 应用信息熵方法对地下水观测网的层次分类：以河北平原地下水观测网为例[J]. 水文地质工程地质，29（3）：24-28.

陈植华，丁国平，2001. 应用信息熵方法对区域地下水观测网的优化研究[J]. 地球科学：中国地质大学学报，26（5）：517-523.

崔亚丰，何江涛，王曼丽，等，2016. 岩溶地区地下水污染风险评价方法探究——以地苏地下河系流域为例[J]. 中国岩溶，35（4）：372-383.

戴长华，李海兵，潘卓，等，2015. REKST 模型与 PLEIK 模型在岩溶地下水防污性能评价中的对比——以湘西大龙洞地下河为例[J]. 中国岩溶，34（4）：354-361.

范宏喜，2015. 开启地下水监测新纪元：聚焦国家地下水监测工程建设[J]. 水文地质工程地质，42（2）：161-162.

郭纯青，李文兴，2006. 岩溶多重介质环境与岩溶地下水系统[M]. 北京：化学工业出版社.

郭建华，1993. 塔里木盆地轮南地区奥陶系潜山古岩溶及其所控制的储层非均质性[J]. 沉积学报，11（1）：56-64.

郭燕莎，王劲峰，殷秀兰，2011. 地下水监测网优化方法研究综述[J]. 地理科学进展，30（9）：1159-1166.

韩行瑞，2015. 岩溶水文地质学[M]. 北京：科学出版社.

郝蜀民，司建平，许万年，1993. 鄂尔多斯盆地北部加里东期风化壳及其对油气储聚的控制[J]. 天然气工业，13（5）：13-20.

何宇彬，1991. 试论均匀状厚层灰岩水动力剖面及实际意义[J]. 中国岩溶，（1）：4-15.

郇环，王金生，滕彦国，等，2013. 基于过程模拟的地下水脆弱性评价研究进展[J]. 矿物岩石地球化学通报，32（1）：121-126.

贾晓青，刘建，罗明明，等，2019. 基于改进的 DRASTIC 模型对香溪河典型岩溶流域地下水脆弱性评价[J]. 地质科技情报，38（4）：255-261.

贾振远，蔡忠贤，肖鱼茹，1995. 古风化壳是碳酸盐岩一个重要的储集层（体）类型[J]. 地球科学，20（3）：283-289.

孔祥胜，祁士华，Oramah I T，等，2010. 广西百朗地下河水和沉积物中有机氯农药的分布特征[J]. 中国岩溶，29（4）：363-371.

雷静，张思聪，2003. 唐山市平原区地下水脆弱性评价研究[J]. 环境科学学报，（1）：94-99.

李晨，程星，2015. 岩溶地区不同地貌类型地下水抗污染风险评价——以贵州清镇地区为例[J]. 贵阳学院学报（自然科学版），10（1）：55-60.

李吴波，吴周洪，蒋玲，等，2015. 国家地下水监测工程的监测站点建设探讨[J]. 山西科技，30（3）：96-98.

李小牛，周长松，周孝德，等，2014. 污灌区浅层地下水污染风险评价研究[J]. 水利学报，45（3）：326-334，342.

梁康，杜利生，2007. 基于主成分分析法的吉林省西部潜水水质分析[J]. 东北水利水电，（10）：55-57.

梁小平，朱志伟，梁彬，等，2003. 湖南洛塔表层岩溶带水文地球化学特征初步分析[J]. 中国岩溶，22（2）：103-109.

梁永平，韩行瑞，2013. 中国北方岩溶地下水环境问题与保护[M]. 北京：地质出版社.

梁永平，王维泰，赵春红，等，2013. 中国北方岩溶水变化特征及其环境问题[J]. 中国岩溶，32（1）：34-42.

林茂，苏婧，孙源媛，等，2018. 基于脆弱性的地下水污染监测网多目标优化方法[J]. 环境科学研究，31（1）：79-86.

刘春华，张光辉，王威，等，2014. 区域地下水系统防污性能评价方法探讨与验证——以鲁北平原为例[J]. 地球学报，35（2）：217-222.

刘海娇，范明元，张保祥，等，2015. 基于 COP 方法的肥城盆地岩溶水脆弱性评价[J]. 南水北调与水利科技，13（3）：538-542.

刘松霖，魏江，沈莹莹，等，2013. 淄博大武地下水源地污染风险评价[J]. 安全与环境学报，13（1）：142-148.

卢海军，2018. 北京市潮白河冲洪积扇地下水监测站网优化研究[D]. 北京：中国地质大学（北京）.

卢海平，邹胜章，于晓英，等，2012. 桂林海洋-寨底典型地下河系统地下水污染分析[J]. 安徽农业科学，40（4）：2181-2185.

罗明明，尹德超，张亮，等，2015. 南方岩溶含水系统结构识别方法初探[J].中国岩溶，34（6）：543-550.

罗明明，周宏，陈植华，2018. 香溪河流域岩溶水循环规律[M]. 北京：科学出版社.

罗维，杨秀丽，邹胜章，等，2017. 城镇化进程下裸露岩溶区地下河水质变迁—以贵阳上寨地下河系统为例[J]. 中国岩溶，36（5）：704-712.

马荣，石建省，刘继朝，2011. 熵权耦合随机理论在含水层非均质综合指数研究中的应用[J]. 吉林大学学报（地球科学版），41（5）：1520-1528.

孟宪萌，胡宏昌，薛显武，2013. 承压含水层脆弱性影响因素分析及评价模型的构建——以山东省济宁市为例[J]. 自然资源学报，28（9）：1615-1622.

戚爱萍，侯继梅，2001. 济南地区岩溶地下水有机物污染状况调查[J]. 预防医学文献信息，（6）：637-700.

任坤，杨平恒，江泽利，等，2015. 降雨期间岩溶城镇区地下河水重金属变化特征及来源解析[J]. 环境科学，36（4）：1270-1276.

戎意民，2013. 塔河油田中下奥陶统碳酸盐岩古岩溶洞穴塌陷结构特征研究[D]. 北京：中国地质大学（北京）.

沈照理，朱宛华，钟佐燊，1999. 水文地球化学基础[M]. 北京：地质出版社.

时青，崔峻岭，张聿洵，2014. Kriging 插值法在大沽河地下水监测站网优化中的应用[J]. 人民珠江，35（6）：67-69.

孙恭顺，梅正星，1988. 实用地下水连通试验方法[M]. 贵阳：贵州人民出版社.

覃星铭，蒋忠诚，蓝芙宁，等，2015. 南洞地下河月径流时间序列的混沌特征及预测[J]. 中国岩溶，34（4）：341-347.

天津市地质矿产局，1984. 蓟县城关基岩水文地质普查报告[R]. 天津：天津市地质矿产局.

王大纯，张人权，史毅弘，等，2010. 水文地质学基础[M]. 北京：地质出版社.

王俊明，肖建玲，周宗良，等，2003. 碳酸盐岩潜山储层垂向分带及油气藏流体分布规律[J]. 新疆地质，21（2）：210-213.

王燕秋，2010. 泰安市岩溶水系统地下水防污性能研究[D]. 济南：济南大学.

韦丽丽，2011. 岩溶地下河系统持久性有机污染物分布与迁移研究[D]. 重庆：西南大学.

魏明海，刘伟江，白福高，等，2016. 国内外地下水环境监测工作研究进展[J]. 环境保护科学，42（5）：15-18.

邬长武，蒋春雷，郑志祥，等，2002. 塔中 16—24 井区奥陶系碳酸盐岩古岩溶研究[J]. 矿物岩石，88（6）：69-73.

吴爱民，荆继红，宋博，2016. 略论中国水安全问题与地下水的保障作用[J]. 地质学报，90（10）：2939-2947.

吴登定，2006. 地下水含水层天然防污性能评价方法研究：以北京平原区为例[D]. 北京：中国地质大学（北京）.

吴登定，谢振华，林健，等，2013. 地下水污染脆弱性评价方法[J]. 地质通报，32（1）：121-126.

仵彦卿，边农方，2003. 岩溶地下水监测网优化分析[J]. 地学前缘，10（4）：637-643.

夏日元，邹胜章，梁彬，等，2011. 塔里木盆地奥陶系碳酸盐岩缝洞系统模式及成因研究[M]. 北京：地质出版社.

肖梦华，曹阳，张小波，等，2010. 塔河油田 4 区奥陶系碳酸盐岩古岩溶特征[J]. 石油与天然气地质，31（2）：31-33.

肖鹏，2009. 岩溶水系统中污染物的迁移与转化机制[J]. 合作经济与科技，（8）：126-127.

邢立亭，吕华，高赞东，等，2009. 岩溶含水层脆弱评价的 COP 法及其应用[J]. 有色金属，61（3）：138-141.

徐建国，朱恒华，徐华，等，2009. 济南泉域岩溶地下水有机污染特征研究[J]. 中国岩溶，28（3）：249-254.

严明疆，张光辉，王金哲，等，2009. 滹滏平原地下水系统脆弱性最佳地下水水位埋深探讨[J].

地球学报，30（2）：243-248.

杨梅，2010. 典型岩溶区地下河有机污染物控制因素及运移特征研究[D]. 重庆：西南大学.

杨梅，张俊鹏，蒲俊兵，等，2009. 重庆典型岩溶区地下河水体有机氯农药污染初步研究[J]. 中国岩溶，28（2）：144-148.

杨平恒，袁道先，叶许春，等，2013. 降雨期间岩溶地下水化学组分的来源及运移路径[J]. 科学通报，58（18）：1755-1763.

杨秀丽，罗维，裴建国，等，2017. 贵阳市岩溶地下水水质变化特征浅析[J]. 中国岩溶，36（5）：713-720.

杨雪，2016. 武汉市某岩溶塌陷地区地下水位监测网密度优化[D]. 北京：中国地质大学（北京）.

姚文峰，2007. 基于过程模拟的地下水脆弱性研究[D]. 北京：清华大学.

姚昕，邹胜章，夏日元，等，2014. 典型岩溶水系统中溶解性有机质的运移特征[J]. 环境科学，35（5）：1766-1772.

易连兴，夏日元，王喆，等，2017. 岩溶峰丛洼地地区降水入渗系数—以寨底岩溶地下河流域为例[J]. 中国岩溶，36（4）：512-517.

于晓英，邹胜章，2009. 岩土介质中锰的吸附、解吸行为研究[J]. 地下水，31（3）：82-84.

于晓英，邹胜章，唐建生，等，2009. 广西柳州鸡喇地下河流域地下水复合污染特征与成因分析[J]. 安徽农业科学，37（8）：3645-3649，3653.

袁连新，余勇，2011. 聚类分析方法及其环境监测（水质分析）中的应用[J]. 环境科学与技术，34（12）：267-270.

张海涛，刘文静，傅玲子，等，2019. 济南泉域岩溶地下水防污性能评价方法研究[J]. 山东化工，48（11）：213-215.

张人权，梁杏，靳孟贵，等，2011. 水文地质学基础（第6版）[M]. 北京：地质出版社.

张伟，周丹霞，王作友，1992. 天津蓟县公乐亭泉成因及特征[J]. 河北地质学院学报，15（3）：302-306.

张翼龙，陈宗宇，曹文庚，等，2012. DRASTIC与同位素方法在内蒙古呼和浩特市地下水防污性评价中的应用[J]. 地球学报，33（5）：819-825.

章程，2003. 贵州普定后寨地下河流域地下水脆弱性评价与土地利用空间变化的关系[D]. 北京：中国地质科学院.

章程，蒋勇军，Michele L，等，2007. 岩溶地下水脆弱性评价"二元法"及其在重庆金佛山的应用[J]. 中国岩溶，26（4）：334-340.

赵琰，潘勇邦，2017. 广西隆林—乐业地区岩溶水系统结构及概念模型分析[J]. 西部资源，（5）：95-97.

中国地质科学院岩溶地质研究所，1987. 桂林岩溶与碳酸盐岩[M]. 重庆：重庆出版社.

中国地质学会岩溶地质专业委员会，1982. 中国北方岩溶和岩溶水[M]. 北京：地质出版社.

中国科学院地质研究所岩溶研究组，1979. 中国岩溶研究[M]. 北京：科学出版社.

钟佐燊，2005. 地下水防污性能评价方法探讨[J]. 地学前缘，（S1）：3-11.

周永昌，王新维，杨国龙，2000. 塔里木盆地阿克库地区奥陶系碳酸盐岩油气藏条件及勘探前景[J]. 石油与天然气地质，21（2）：104-109.

朱丹尼，邹胜章，周长松，等，2016. 岩溶区石灰性土壤对$Cd^{2+}$吸附的解吸特性及滞后效应[J]. 环境化学，35（7）：1407-1414.

朱远峰，梁彬，2002. 西南岩溶山区典型流域水资源保护示范工程——湖南洛塔地区岩溶水资源合理开采利用示范[R]. 桂林：中国地质科学院岩溶地质研究所.

邹胜章，邓振平，梁彬，等，2010. 岩溶水系统中微生物迁移机制[J]. 环境污染与防治，32（10）：1-4.

邹胜章，李录娟，卢海平，等，2014. 岩溶地下水系统防污性能评价方法[J]. 地球学报，35（2）：262-268.

邹胜章，李录娟，周长松，等，2016b. 西南主要城市地下水污染调查评价[R]. 桂林：中国地质科学院岩溶地质研究所.

邹胜章，李兆林，陈宏峰，等，2007. 西南岩溶山区分散供水水污染特征[J]. 长江流域资源与环境，16（2）：240-244.

邹胜章，夏日元，刘莉，等，2016a. 塔河油田奥陶系岩溶储层垂向带发育特征及其识别标准[J]. 地质学报，90（9）：2490-2501.

邹胜章，杨苗清，陈宏峰，等，2019. 地下河系统水动态监测网络优化对比分析：以桂林海洋–寨底地下水系统为例[J]. 地学前缘，26（1）：326-335.

邹胜章，于晓英，梁彬，等，2008. 西南岩溶区水质自动监测应用示范——以柳州鸡喇地下河为例[J]. 水文地质工程地质，35（sup）：132-135.

邹胜章，于晓英，张国臣，等，2012. Mn-Cr（Ⅵ）在岩溶水系统内的交互作用[J]. 地球科学（中国地质大学学报），37（2）：289-293.

邹胜章，张文慧，梁彬，等，2005. 西南岩溶区表层岩溶带水脆弱性评价指标体系的探讨[J]. 地学前缘，12（s1）：152-158.

Amorocho J，Esplidora B，1973. Entropy in the assessment of uncertainty of hydrologic systems and models[J]. Water Resources Research，9：1522-1551.

Cooley T，2002. Geological and geotechnical context of cover collapse and subsidence in mid-continent US clay-mantled karst[J]. Environmental Geology，（42）：469-475.

Dautović J，Fiket Ž，Barešić J，et al.，2014. Sources，distribution and behavior of major and trace elements in a complex karst lakesystem[J]. Aquatic Geochemistry，20（1）：19-38.

Doerfliger N，Jeannin P Y，Zwahlen F，1999. Water vulnerability assessment in karst environments：a new method of defining protection areas using a multiattribute approach and GIS tools（EPIK method）[J]. Environ Geol，39（2）：165-176.

Ford D，Williams P D，2007. Karst hydrogeology and geomorphology[M]. Hoboken：Wiley.

Foster S，1987. Fundamental concepts in aquifer vulnerability，pollution risk and protection strategy[M]//van Duijvenbooden W，van Waegeningh H G. Vulnerability of soil and groundwater to pollutants. The Hague：TNO Committee on Hydrogeological Research：69-86.

Foster S，Hirata R，Andreo B，2013. The aquifer pollution vulnerability concept：aid or impediment in promoting groundwater protection？[J]. Hydrogeol J，21：1389-1392.

Fred H，1974. An introduction to information and communication theory[M]. London：Addision-Wesiey Pubiishing Company，Inc.

Gogu R C，Dassargues A，2000. Current trends and future challenges in groundwater vulnerability assessment using overlay and index methods[J]. Environ Geol，39（6）：549-559.

Goldscheider N，Klute M，Sturm S，et al.，2000. The PI method：a GIS based approach to mapping groundwater vulnerability with special consideration of karst aquifers[J]. Z Angew Geol，463：157-166.

Harmancioglu N B，Necdet A，1992. Water quality monitoring network design: a problem of multi-objective decision making[J]. Water Resources Bulletin，28（1）：179-192.

Huang F Y，Zou S Z，Deng D D，et al.，2019. Antibiotics in a typical karst river system in China: Spatiotemporal variation and environmental risks[J]. Science of the Total Environment，650（1）：1348-1355.

Kavouri K，Plagnes V，Tremoulet J，et al.，2011. PaPRIKa: a method for estimating karst resource and source vulnerability—application to the Ouysse karst system（southwest France）[J]. Hydrogeol J，19（2）：339-353.

Mangin，A，1975. Contribution a l'etude hydrodynamique des aquifères karstiques[J]. Annales de Speleologie，26：283-339.

Margat J，1968. Vulnerabilite des nappesd eau souterranine a la pollution（Groundwater vulnerability to contamination）. Bases de la cartographie，68SGL198HYD，BRGM[M]. Paris: French Geological Survey.

Marín A I，Andreo B，2015. Vulnerability to Contamination of Karst Aquifers[M]//Stevanovic Z. Karst Aquifers-Characterization and Engineering. Cham: Springer International Publishing: 251-266.

Mehmet E，2005. Pesticide and nutrient contamination in the Kestel polje-Kirkgoz karst springs, Southern Turkey[J]. Environmental Geology，（49）：19-29.

Mogheir Y，Lima D，Singh V P，2004a. Characterizing the spatial variability of groundwater quality using the entropy theory: I. Synthetic data[J]. Hydrological Processes，18：2165-2179.

Mogheir Y，Lima D，Singh V P，2004b. Characterizing the spatial variability of groundwater quality using the entropy theory: II. Case study from Gaza Strip[J]. Hydrological Processes，18：2579-2590.

Neill H，Gutierrez M，Aley T，2004. Influences of agricultural practices on water quality of Tumbling Creek cave stream in Taney County，Missouri[J]. Environmental Geology，46（8）：550-559.

Nunes L M，Cunha M C，Ribeiro L，2004. Optimal space-time coverage and exploration costs in groundwater monitoring networks[J]. Environmental Monitoring and Assessment，93：103-124.

Ozkul S，Harmancioglu N B，Singh V P，2000. Entropy-based assessment of water quality monitoring networks[J]. Journal of Hydrologic Engineering，5（1）：90-100.

Ravbar N，Goldscheider N，2007. Proposed methodology of vulnerability and contamination risk mapping for the protection of karst aquifers in Slovenia[J]. Acta Carsologica，36（3）：461-475.

Simmleit N，Herrmann R，1987. The Behavior of hydrophobic，organic micrpollutants indifferent Karst water systens[J]. Water，Air and Soil Pollution，（34）：79-95.

Simmleit N，Herrmann R，1988. Variation of lorganic and Organic composition of bulk precipitation，percolation water and Groundwater in small，rural Karst Catchments[J]. Catena，（15）：195-204.

van Duijvenbooden W，van Waegengh H G，1987. Vulnerability of soil and groundwater to pollutants[C]. Proceedings International Conference. Steasdrukkerij，Gravenhage，Netherlands.

van Geer F C，Zhou Y X，1991. Using Kalman filtering to improve and quantify the uncertainty of numerical grounderwater simulations[J]. Water Recourse Research，27（8）：1987-1994.

Vías J，Andreo B，Perles M，et al.，2006. Proposed method for groundwater vulnerability mapping in carbonate（karstic）aquifers：the COP method[J]. Hydrogeol J，14（6）：912-925.

Vukosav P，Mlakar M，Cukrov N，et al.，2014. Heavy metal contents in water，sediment and fish in a karst aquatic ecosystem of the Plitvice Lakes National Park（Croatia）[J]. Environmental Science and Pollution Research，21（5）：3826-3839.

Zaporozec A，1979. Changing Patterns of Ground-Water Use in the United Statesa[J]. Ground Water，17（2）：199-204.

Zhou C S，Zou S Z，Zhu D N，et al.，2018. Pollution pattern of underground river in karst area of the Southwest China[J]. Journal of Groundwater Science and Engineering，6（2）：71-83.

Zou S Z，Huang F Y，Liu F，et al.，2018. The occurrence and distribution of antibiotics in the Karst River System in Kaiyang，Southwest China[J]. Water Science & Technology：Water Supply，18（6）：2044-2052.

Zou S Z，Yu X Y，Chen H F，et al.，2008. Research on Denitrifying Phosphorus and Nitrogen Removal in Constructed Rapid Infiltration System[C]//Internation Conference on Information Technology & Environmental System Sciences 2008. Jiaozuo，Henan，China.

Zou S Z，Yu X Y，Tang J S，et al.，2007. Combined Pollution of Karst Water in the Process of Urbanization in the South Suburb of Liuzhou[C]//12th International Symposium on Water-Rock Intercation（WRI-12）. Wellington：Taylor & Francis Publishers：1203-1208.